EMIRJES MAZA

ESTUDIO DE HAPLOTIPOS DEL GEN HBB, EN ESCOLARES VENEZUELA

EMIRJES MAZA

ESTUDIO DE HAPLOTIPOS DEL GEN HBB, EN ESCOLARES VENEZUELA

HAPLOTIPOS DEL GEN HBB

Editorial Académica Española

Publisher:
Editorial Académica Española
is a trademark of
Dodo Books Indian Ocean Ltd. and OmniScriptum S.R.L publishing group

120 High Road, East Finchley, London, N2 9ED, United Kingdom
Str. Armeneasca 28/1, office 1, Chisinau MD-2012, Republic of Moldova, Europe
Managing Directors: Ieva Konstantinova, Victoria Ursu
info@omniscriptum.com

Printed at: see last page
ISBN: 978-620-0-02147-2

DEDICATORIA

Primeramente, doy gracias a Jehová mi dios, por bendecirme grandemente y darme la fortaleza y oportunidad para lograr uno de mis grandes sueños.

A mis más grandes amores, mis hijos Vivian Bernabé, Carlos Alberto y Jeremy Franklyn, los adoro con mi alma fueron el impulso para lograr esta meta de mi vida, y por muchas cosas más los amo mis hijos bellos. Este logro les sirva de guía para sus estudios para que así consigan su superación.

A mi gran amor, mi vida Franklyn David Figueroa Colón, mi esposo querido, gracias por guiarme en mis estudios eres un gran hombre, te admiro por ser una persona muy inteligente, humilde eres incondicional. Te amo te amo con mi alma.

A mis padres, Mirian Cortez De Maza y Jesús Maza por su amor incondicional. Por haber hecho de mí la persona quien soy, por guiarme en mis estudios y apoyarme en todo momento de mi vida los amo con mi alma.

A mis hermanos, gracias por todo Edison, Edwin, Emerson y Eligia porque mis alegrías son también de ustedes los quiero mucho, y mis cuñadas Glendys, Ana y Carmen, gracias las quiero mucho.

A mi suegra Hilda Colón por su apoyo, le agradezco mucho y a mis cuñados Carlos, Jorge, Brenda, Glisenis y Mariángeles por colaborar conmigo en el momento que pudieron hacerlo, los quiero mucho.

A todos mis sobrinos, comenzando desde Edwin, Egleidys, Edwmairis, Edigles, Ederson, Cezeus, Edigleinys, Edison Jesús, Irlanda, Naomi, Naolys, Sebastián, Aroncito y Jorgito, los quiero muchísimo.

A mis amigos y comadres (Sara, Patricia, Gladelys, Giliannys, Leomargarit, Dayana, Marilyn), por sus distintos aportes y apoyos, y siempre estar dispuestos a colaborar en todo momento. ¡MIL GRACIAS!

AGRADECIMIENTO

A la Universidad de Oriente (UDO) y a mis tutoras, María José González y Martha Bravo, gracias por estar allí en cada una de las facetas de este trabajo de investigación y por su gran colaboración, les agradezco todo lo que hicieron por mí de todo corazón.

A todos los que laboran en el Laboratorio de Investigación de Hemoglobinas Anormales (LIHA).

A los directivos, personal docente y obreros de las E. B. "Cruz Salmerón Acosta" de Araya y Manicuare por su atención y colaboración. No tengo palabras como agradecerles todo lo que me ayudaron en esta etapa de mi vida.

A los padres de los niños, por permitirme tomar y utilizar las muestras para este estudio.

A la Licenciada Bioanalista María Figuera por su colaboración en el Laboratorio Clínico ubicado en el Hospital I "Virgen del Valle" del municipio Cruz Salmerón Acosta, Araya.

A mi compadre, el Licenciado Bioanalista Alexis Urbaneja y a Jesús Marchant por su colaboración en la toma de las muestras de sangre.

A los proyectos de FONACIT MC-2007001066 y MC 2008001053 que financiaron esta investigación.

A todos los profesores que aportaron un granito de arena en mi etapa como estudiante en especial a la profe Gisela Estrella por cada una de sus palabras, fueron de gran impulso para madurar como madre, esposa y estudiante. Muchas gracias la quiero mucho.

A todas aquellas personas que de una u otra forma me acompañaron en esta etapa de mi vida. Muchas gracias a todos que Jehová los bendiga.

INDICE GENERAL

LISTA DE FIGURAS

Pág.

RESUMEN

En las poblaciones de Araya y Manicuare, municipio Cruz Salmerón Acosta del estado Sucre, se llevó a cabo un estudio de frecuencia de hemoglobinopatías y haplotipos del gen HBB. Entre las dos poblaciones se analizaron un total de 289 muestras de sangre periférica de niños y niñas escolares, se recolectaron aleatoriamente 132 muestras de sangre periférica en la población de Araya y 157 muestras en Manicuare. Los parámetros hematológicos (Hb, Hcto, CHCM, VCM, HCM) fueron analizados por un analizador hematológico automático. Luego las muestras de sangre periférica fueron analizadas por electroforesis en membranas de acetato de celulosa a pH 8,6 para identificar las variantes hemoglobínicas presentes en los escolares, encontrando un 6,2% (n=18) de variantes hemoglobínicas en individuos no emparentados y 93,8% (n=289) de individuos homocigotos para la Hb A. A las muestras que se le detectó las variantes fueron analizadas por HPL-CE para su confirmación, reportando la variante Hb S con una frecuencia de 3,8% (n=5) y la presencia de Hb A2↑ con 1,5% (n=2) en la población de Araya, de la misma forma se encontró en Manicuare una frecuencia de Hb S (3,2%) (n=5) y la Hb A2↑ con 3,8 % (n=6) en forma heterocigota. Una vez confirmada la presencia de mutaciones en el gen HBB en las dos poblaciones, se amplificaron las regiones del grupo de genes de la HBB: 5'ε, ^{G}γ, ^{A}γ, ψβ y 3'ψβ y se digirieron cada una con las enzimas de restricción específica HincII y HindIII. Mediante este análisis, se pudo identificar las características de 7 haplotipos del gen HBB*A en escolares de la población de Araya, siendo más frecuente: el haplotipo 2 con 38,4%, seguido del 1 y el 10 (15,4%) y un haplotipo atípico A (++-+-) con un 7,7%. Posterior a esto, en la población de Manicuare se identificaron 5 haplotipos del gen HBB*A, resultando más frecuente los haplotipos 2 (53,8%), seguido del 1, 11 y un haplotipo atípico A (++-+-) con un 15,4%. En el caso de los haplotipos del gen HBB*S identificados en la población escolar de Araya, se halló el haplotipo CAR con 75% y un haplotipo atípico S con 25% y en la población de Manicuare se identificaron los haplotipos CAR y el Ben (40%), seguido del haplotipo Cam (20%). Estos resultados difieren con los reportados en el municipio Rivero, Bolívar y Benítez y concuerdan con los resultados reportados en el municipio Sucre. De manera que, las poblaciones Araya y Manicuare, municipio Cruz Salmerón Acosta, estado Sucre mostraron una distribución particular de haplotipos encontrando una gran frecuencia para el haplotipo Bantú, lo que significa que los individuos africanos del Centro de África se dispersaron a lo largo del oriente de Venezuela y, por ello, el haplotipo CAR es el más frecuente en Araya y, en Manicuare se encontró el Benín y el CAR con la misma proporción. Sugiriendo dos historias diferentes para el tráfico de esclavos africanos y con ellos la distribución y el origen de las hemoglobinopatías en el oriente de Venezuela (estado Sucre).

Palabras claves: haplotipos, HBB, células hoz, rasgo drepanocítico.

INTRODUCCIÓN

La hemoglobina (Hb) es una heteroproteína de la sangre, la cual se encuentra en los glóbulos rojos, transportando el oxígeno de los órganos respiratorios hasta los tejidos (Perutz, 1972; Rodríguez y Sáenz, 2005) y el dióxido de carbono desde los tejidos hasta los pulmones (Malcorra, 2001; Vives, 2001), a su vez participa en la regulación de pH de la sangre en vertebrados (Giardina *et al.*, 2004).

La hemoglobina está constituida por una estructura proteica tetrámera, la cual varía estructuralmente de acuerdo a la etapa de desarrollo embrionario. En los seres humanos, los tres primeros meses de vida uterina, se sintetizan tres tipos de hemoglobinas embrionarias, denominadas Gower I, Gower II y Portland (Talmaci *et al.*, 2004; Pérez, 2015). En el cuarto mes de gestación comienza la síntesis de la hemoglobina fetal Hb F ($\alpha_2\,\gamma_2$) formando el 80% de hemoglobina total en el feto (Peñuela, 2005; Pérez, 2015).

Después del nacimiento, durante los tres primeros meses de vida, se va disminuyendo la hemoglobina fetal y se sintetiza la hemoglobina adulta Hb A_1 ($\alpha_2\,\beta_2$), con una proporción de un 97% de hemoglobina (Kunkel y Wallenius, 1955; Kazazian, 1990). Es importante resaltar, que la Hb F no deja de persistir en el organismo siempre va estar presente con un 0,5% y la Hb A_2 ($\alpha_2\,\delta_2$) en un 2,5%, haciendo un total del 100% de hemoglobina en el humano (Malcorra, 2001; Salazar, 2004; Lewis *et al.*, 2008).

Los genes que codifican para las hemoglobinas se encuentran en dos cromosomas diferentes formando bloques, el alfa (α), localizado en el cromosoma 16, la cual consta de genes alfa (α) HBA y zeta (ζ) HBZ, y el bloque de genes beta (β) HBB, localizado en el cromosoma 11, formado por los genes épsilon (ε) HBE1, gamma (γ) HBG ($^{G}\gamma\,^{A}\gamma$), delta (δ) HBD y beta (β) HBB (Hoffman *et al.*, 2000; De las Heras y Pérez 2008; Duran *et al.*, 2012; Romero *et al.*, 2015).

La hemoglobina se considera la molécula modelo, porque ha contribuido sustancialmente al conocimiento de los principios básicos de la genética y ha permitido detectar e identificar mutaciones en los genes que codifican para las cadenas de globinas de las hemoglobinas (Peñuela, 2005; Sáenz, 2005; Brandan *et al.*, 2008; Vera, 2010). Estas alteraciones dan origen a los desórdenes genéticos hereditarios más comunes que afectan al hombre (Pathrapol *et al.*, 2010), como son las hemoglobinopatías. Ellas comprenden un grupo de desórdenes autosómicos recesivos que resultan de mutaciones puntuales, es decir, la sustitución de un nucleótido de ADN por otro, lo que modifica el código genético y puede inducir un cambio en un aminoácido de la globina resultante (variantes estructurales) siendo las más frecuentes a nivel mundial la hemoglobina S (Hb S), C (Hb C), E (Hb E), H (Hb H) y la hemoglobina D punjab o Los ángeles (Hb D- punjab) entre otras (Martínez *et al.,* 1997; Salazar, 2004; Arends *et al.*, 2007; Bernal *et al.*, 2010).

Las alteraciones en la hemoglobina también pueden ser resultado de mutaciones que afectan la expresión del gen HBB, la cual ocasionan la disminución total o parcial en la síntesis de las cadenas proteicas de la hemoglobina conocidas como talasemias. Los diferentes tipos de talasemia se clasifican según las cadenas de globina que esté afectada, siendo las más comunes α, β y δβ-talasemia (Vargas, 2011; Villalba, 2015). Por último, se encuentra la persistencia hereditaria de la hemoglobina fetal (PHHF) que es caracterizada por la síntesis elevada de Hb F en la edad adulta (Pérez, 2015). Se han descrito más de 750 variantes hemoglobínicas identificadas en el hombre, algunas con significado clínico y otras con significado antropológico (Arends *et al.*, 2007; Bernal *et al.*, 2010; Romero *et al.,* 2015).

Se cree que el origen de la Hb S se dio hace 30 000 años, originada por una mutación puntual en el ADN, que resulta en la sustitución de adenina por timina en el gen HBB, lo que conduce a un cambio de ácido glutámico por valina en el codón 6 de la cadena polipeptídica beta globina, causando la polimerización en el glóbulo rojo de la Hb S desoxigenada, debido a que el ácido glutámico es polar y la valina es apolar, esto disminuye la solubilidad de la hemoglobina y da lugar a una red gelatinosa de polímeros fibrosos llamados tautoides, estos se van aglutinando y deforman la membrana del glóbulo rojo dándole la forma de hoz o falciforme, causando la rigidez del mismo (Romero *et al.,* 2015). Los homocigotos con Hb SS o afectados con anemia falciforme sufren una sintomatología consistente con una rápida destrucción de los glóbulos rojos y la oclusión de los vasos sanguíneos, lo que provoca dactilitis, secuestro esplénico e infecciones bacterianas en la infancia temprana (primeros 5 años), crisis dolorosas y úlceras en extremidades en la adolescencia, y daños en riñón y pulmón después de los 30 años (Romero *et al.*, 2015). Estos síntomas pueden aparecer en edades tempranas y llegar a ser mortales si no se tratan a tiempo (Zafeiriou, 2006; Duran *et al.*, 2012).

En el caso de los portadores de la Hb S, éstos son asintomáticos, con cifras de Hb basal, morfología sanguínea y desarrollo físico normal. La concentración de Hb S es menor del 50%; sin embargo, en algunas circunstancias de anoxia puede presentar complicaciones. Los heterocigotos de Hb AS tienen anemia leve y en circunstancias normales presentan la misma eficacia biológica que los homocigotos Hb AA con la ventaja de que la Hb falciforme los protege contra el parásito de la malaria, fenómeno denominado polimorfismo compensado, en homocigotos (Hb SS), una baja parasitación por *P. falciparum* puede, acentuar la hemólisis e incrementar los cuadros de vasooclusión pudiendo causar la muerte del individuo tempranamente en la infancia. En estas condiciones, la heterocigocidad para la hemoglobina S confiere una ventaja selectiva en aquellas regiones donde el paludismo o malaria es endémica (Pérez, 2015; Villalba, 2015). La anemia falciforme y el rasgo falciforme predominan en la raza negra, encontrándose con mayor frecuencia en el África subsahariana donde el gen se encuentra hasta en un 90% de la población y en descendientes afro-americanos en un 10% de la población (Nagel, 1984; Villalba, 2015).

Otra variante hemoglobínica, más frecuentes a nivel mundial es la Hb C, esta variante resulta de una mutación en el mismo codón 6 de la cadena polipeptídica beta globina, en este, el cambio es de ácido glutámico por lisina, de allí su corrida catódica a pH 8,6. Se considera una mutación independiente de la Hb S; pareciera tener un origen único localizado en la costa oeste de África. La Hb C induce la deshidratación del eritrocito y la formación intracelular de cristales (García *et al.*, 2009; García *et al.*, 2010). Los individuos homocigotos (Hb C) presentan sintomatología caracterizada por anemia hemolítica de intensidad que va de leve a moderada con esplenomegalia; la vida media del eritrocito esta disminuida y en la circulación se forman microesferocitos. El doble heterocigoto Hb SC conduce a un desorden falciforme grave; sin embargo, es menos grave comparado con el que produce la anemia drepanocítica. El heterocigoto (Hb AC) es asintomático y sólo es descubierto en estudios poblacionales (Lewis *et al.*, 2008; García *et al.*, 2010; Villalba, 2015).

Estudios realizados recientemente han demostrado que la Hb C, también ejerce un efecto protector contra la infestación de *P. falciparum*, el hallazgo fue realizado por Fairhurst *et al.* (2005). Esto consistió, que los eritrocitos normales permiten la unión de los parásitos a las proteínas de adhesión, conocidas por sus siglas en inglés como PfEMP- 1 (Proteína 1 de Membrana del Eritrocito de unión del *Plasmodium falciparum*), con lo cual los glóbulos rojos se unen a las paredes de los vasos sanguíneos y no pueden ser destruidos por el bazo, los eritrocitos de individuos heterocigotos (Hb AC) u homocigotos (Hb CC) comprometen específicamente esta unión. De esta manera, la variante hemoglobínica C también confiere una ventaja selectiva en aquellas regiones donde la malaria es endémica (García *et al.*, 2010; Villalba, 2015).

Dentro del gen HBB, además de las mutaciones que dan origen a las variantes estructurales y las talasemias, también se encuentra un grupo de mutaciones silentes conocidas como polimorfismos genéticos. El patrón de combinación de estos polimorfismos da lugar a los haplotipos que se heredan junto con la mutación de la Hb S conocido como la mutación del gen HBB*S. Se conocen cinco haplotipos principales de la mutación del gen HBB*S, los principales son: Senegal (Sen), Camerún (Cam), Benín (Ben), Bantú o CAR y Asiático o Árabe/Hindú (Shimizu *et al.*, 2001), la distribución geográfica particular de los haplotipos africanos (Sen, CAR, Cam, Ben) alrededor del mundo, se derivó de patrones migratorios ancestrales a través del desierto del Sahara hacia el continente americano (Pérez, 2015), lo cual podría explicar que la distribución de la mutación del gen HBB*S y de la malaria sea la misma, y que en África obedezca a los desplazamientos de población y a barreras naturales como el desierto del Sahara, que limitan la dispersión de *Plasmodium falciparum* (Pérez, 2015; Villalba, 2015). Los haplotipos del gen HBB*S han sido denominados de acuerdo al área geográfica de África donde predominan y son utilizados como marcadores genéticos de origen africano en los estudios poblacionales

(Arends *et al.*, 2007; Duran *et al.,* 2012; Villalba, 2015).

Los haplotipos del gen HBB*S, pueden ser diagnosticados por la técnica molecular, polimorfismo de longitud de los fragmentos de restricción (PLFR) o (RFLP's siglas en inglés) (Long *et al.*, 1990), según el patrón de corte con enzimas de restricción específicas, se pueden indicar la presencia (+) o ausencia (-) de sitios polimórficos que producen los fragmentos de distinta longitud (De Galiza y Da Silva, 2003). La caracterización de los haplotipos del grupo de genes HBB, se puede lograr por medio del estudio de cinco sitios polimórficos en el sitio 5'ε, $^{G}\gamma,^{A}\gamma$, ψβ y 3'ψβ (Sutton *et al.*, 1989; Arends *et al.*, 2007) en el ADN amplificado por la técnica molecular reacción en cadena de la polimerasa (PCR), esta técnica permite detectar diversas mutaciones al emplear oligonucleótidos iniciadores o "primers" normales y "primers" que contienen en sus extremos 3' mutaciones complementarias a la secuencia de ADN mutante, haciendo hibridar el ADN a estudiar con los iniciadores mutados y la presencia de un producto de amplificación específico va a permitir identificar dicha mutación. Para ello se emplean tantos iniciadores como mutaciones se deseen estudiar (Bavilaquia *et al.*, 1995; Bravo-Urquiola *et al.,* 2007).

La importancia de las hemoglobinopatías en el ámbito de salud ha suscitado un acelerado desarrollo de tecnologías para su análisis en el laboratorio particularmente de diagnósticos rápidos y precisos (Ruíz, 2003; Peñaloza *et al.*, 2008; Romero *et al.*, 2015). Entre estas figuran algunos métodos que permiten detectar directamente el trastorno genómico asociado con cada una de las diferentes alteraciones moleculares de la hemoglobina (Romero *et al.,* 2015), cuya caracterización ha permitido descifrar los mosaicos culturales y étnicos de ciertas poblaciones y explicar, al menos parcialmente, la heterogeneidad clínica de las diferentes variantes hemoglobínicas (Villalba, 2015). Siendo uno de esos métodos, la técnica bioquímica, electroforesis en membranas de acetato de celulosa a pH alcalino, que permite separar las variantes de la hemoglobina en función de su carga eléctrica (Tan *et al.*, 1993; Bravo-Urquiola *et al.,* 2004; Calvo-Villas *et al.*, 2006; Colah *et al.,* 2007; García *et al.,* 2009). También se utiliza con frecuencia la técnica cromatografía líquida de alta precisión de intercambio catiónico (HPLC-CE), que es capaz de determinar los porcentajes relativos de las hemoglobinas A_1, A_2 y F y cualquier variante estructural de forma inequívoca, garantizando la cobertura y mejora de la capacidad de diagnóstico, reduciendo los costos, con relación a otras técnicas (Bravo-Urquiola *et al.*, 2007; Romero *et al.*, 2015).

Las diferentes alteraciones en el gen HBB fueron descritas por primera vez en el África Subsahariana y en regiones del Mediterráneo según Pauling *et al.* (1949) y Labie *et al.* (1984). En el año 1961, en un estudio realizado por Arends y su grupo de investigadores se encontró una frecuencia de hemoglobinopatías de 1,6% en Venezuela (Arends, 1984; Arends *et al.*, 2007). Para el año 2007, reportaron una frecuencia de 2,4% de variantes hemoglobínicas en el país (Arends *et al.*, 2007), lo que representa un ligero incremento de 0,8%. De acuerdo con estudios previos, las zonas donde prevalecen las diferentes hemoglobinas anormales en Venezuela son las poblaciones de Tapipa, estado Miranda; Campoma, Cariaco, municipio Rivero del estado Sucre y la zona costera del estado Aragua entre otras, encontrando la mayor frecuencia de hemoglobinopatías donde el componente africano es predominante (Arends, 1971; Salazar, 1995; Salazar *et al.*, 1996; Turgeon, 2006; Oropeza *et al.*, 2014).

La presencia en Venezuela de los genes causantes de las diferentes variantes hemoglobínicas, datan desde el siglo XVI, cuando en la época de la colonización, los conquistadores españoles trajeron a América genes caucásicos de la mayoría de los países europeos (principalmente de España) y, a través del mercado de esclavos, genes de raza negra de virtualmente todos los países africanos (Sáenz, 1988).

Algunos navíos de esclavos vinieron directamente de África a Venezuela, y otros esclavos fueron traídos a través de transacciones lícitas comerciales con las Antillas, para servir en la agricultura y trabajos mineros. También llegaron esclavos fugitivos provenientes de Curazao y Trinidad que permanecieron libres en la selva y eran llamados "negros cimarrones", los cuales formaron comunidades aisladas (Arends *et al.*, 2007).

Con la llegada de los africanos a nuestro país se introdujeron las variantes S y C. La distribución de dichas variantes pareciera seguir un patrón muy relacionado con el desplazamiento y establecimiento que las poblaciones negras han tenido en el territorio nacional. Las mayores frecuencias se encuentran en poblaciones costeras, produciéndose una abrupta disminución en las poblaciones localizadas en la cordillera de los Andes (Salazar, 2004; Arends *et al.,* 2007).

En el año 1996, se realizó un estudio sobre variantes hemoglobínicas en escolares de Araya y Manicuare, municipio Cruz Salmerón Acosta estado Sucre. Encontrándose en 200 muestras colectadas una frecuencia de 2,5% de variantes hemoglobínicas en la población escolar de Araya y en la población escolar de Manicuare de 135 muestras se determinó una frecuencia de 0,74% (Betancourt, 1995; Salazar *et al.*, 1996).

En un estudio realizado sobre hemoglobinopatía en la población de Guariquen, Municipio Benítez se determinó una frecuencia de 2,0% y en la población escolar de Petare, Municipio Bolívar, estado Sucre, se detectó una frecuencia de 3,0% de variantes estructurales mediante la técnica HPL-CE, siendo la Hb S la más frecuente seguida de la Hb C (Medina, 2013). En el estado Sucre, las variantes S y C se distribuyen de formas distintas en los diferentes municipios que se han estudiado (Arends *et al.*, 1990).

En relación a los estudios realizados en Venezuela, sobre el origen de la variante de hemoglobina S mediante el estudio de los haplotipos asociados al gen HBB. En el municipio Rivero en la población de Campoma y Cariaco, se evaluaron 74 cromosomas, 70 para estudiar el gen HBB*A y 4 para el gen HBB*S. En el gen HBB*A se observaron 11 haplotipos, donde los más frecuentes fueron el 2 (37,5%), seguido del 3 (20,7%) y el 5 (10,2%); los demás presentaron una frecuencia menor al 10%. El gen HBB*S se encontró asociado al haplotipo Ben (50%), seguido del haplotipo Sen (25%) y de un haplotipo atípico (25%) (González *et al.,* 1998). En el municipio Sucre, Vívenes *et al.* (2003) encontraron el haplotipo CAR (56,8%) con mayor frecuencia, seguido del haplotipo Ben (40,5%) y Sen (2,7%). Para el occidente del país Arends *et al.* (2007) y Bravo-Urquiola *et al.* (2007), sugieren que en el noroeste de Venezuela es más frecuente el haplotipo Ben, seguido del CAR y pequeñas proporciones de los haplotipos Sen y Cam. En este mismo orden de frecuencia fue encontrado en el oriente del país en algunos municipios del estado Sucre los haplotipos del gen HBB, para el año 2013 en la investigación realizada por

Medina en la población de Petare se observó una frecuencia del haplotipo Ben con un 75%, seguido del haplotipo CAR (25%) y en Guariquen se determinó una frecuencia del haplotipo CAR con un porcentaje de 33,3%. Estos resultados confirman la introducción de hemoglobinopatías de origen africano en Venezuela durante el proceso de colonización y las posteriores migraciones de los individuos africanos (Cunil-Grau, 1987; Salazar, 2004; Bravo-Urquiola *et al.*, 2007).

Debido a las mezclas raciales en Venezuela, desde hace varias décadas, se ha estudiado la frecuencia, origen y la distribución de las diferentes hemoglobinopatías y los haplotipos asociados al gen HBB en todo el país (Cunil-Grau, 1987; Vívenes *et al.*, 2003; Salazar, 2004; Bravo-Urquiola *et al.*, 2007; Oropeza *et al.*, 2014).

En este sentido, el presente trabajo de investigación se llevó a cabo con el objetivo principal de determinar las variantes hemoglobínicas y los haplotipos asociados del gen HBB, en escolares y su grupo familiar provenientes de las poblaciones Araya y Manicuare, municipio Cruz Salmerón Acosta, estado Sucre en el período 2014-2015. Se determinaron los parámetros hematológicos, y la identificación de los haplotipos del gen HBB*A y HBB*S y su asociación con las variantes hemoglobínicas, fueron analizados mediante las técnicas moleculares, reacción en la cadena de la polimerasa (PCR) y RFLP's; contribuyendo a corroborar la frecuencia de variantes hemoglobínicas en el municipio Cruz Salmerón Acosta, de acuerdo con estudios previos realizados. Con la finalidad de realizar un mapa de distribución de variantes hemoglobínicas asociadas a los haplotipos del gen HBB en el estado Sucre y así prevenir el nacimiento de niños homocigotos con Hb SS asociada a los diferentes haplotipos africanos.

METODOLOGÍA

Área de estudio

Las muestras de sangre fueron obtenidas en escolares de las "E. B. Cruz Salmerón Acosta" de Araya y Manicuare (ambas con el mismo nombre), municipio Cruz Salmerón Acosta, estado Sucre Venezuela. La escuela de Manicuare está ubicada al suroeste de la Península de Araya del estado Sucre, en las costas norte del Golfo de Cariaco, limita por el norte con el Golfo de Cariaco, por el sur con el Cerro Negro, por el este con Tacarigua y por el oeste con el sector La Vela los Conucos y la escuela de Araya en la Península de Araya, limita por el norte con el Mar Caribe y las islas San Pedro de Coche, Cubagua y Margarita; por el sur, con el golfo de Cariaco, por el este, con el municipio Ribero, y por el oeste con el Mar Caribe (Ver Figura 1). La toma de muestras de sangre se realizó en cada una de las escuelas en días diferentes. Mientras que la toma de muestras del grupo familiar se recolectó el día que se les hizo el asesoramiento genético, y se realizó un árbol genético (Ver Apéndice 1) a los familiares de los niños que resultaron portadores.

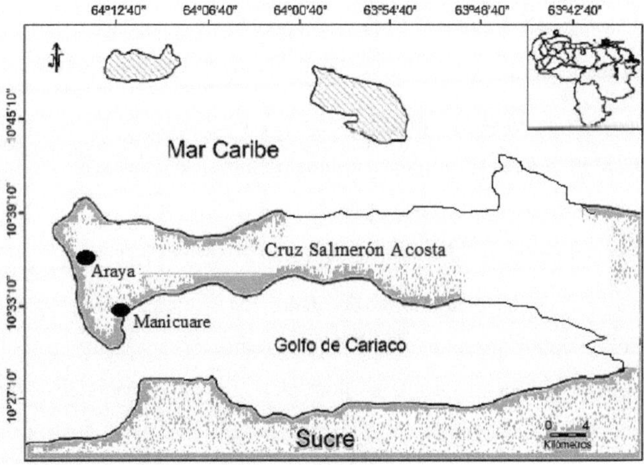

Figura 1. Ubicación geográfica del área de estudio.

Parámetros hematológicos

Como normas bioéticas para la recolección de muestra, se les suministro a los representantes de los niños que fueron evaluados un consentimiento informado, bajo el formato establecido por el código de bioética y bioseguridad del FONACIT, para la toma de muestras sanguíneas en humanos (Ver Apéndice 2). Las muestras fueron tomadas por un especialista en el área de la salud, en este caso un bioanalista.

Con la colaboración del especialista, se procedió a recolectar aleatoriamente 289 muestras de sangre periférica, por punción venosa, de los escolares. Las muestras fueron colectadas durante una jornada que se realizó en cada una de las escuelas mencionadas. 132 muestras se obtuvieron en la población escolar de Araya y bajo el mismo procedimiento se recolectaron 157 muestras en la población escolar de Manicuare. Por cada muestra de sangre se tomaron aproximadamente 5 mL por vía intravenosa a los escolares, colectándose en tubos con EDTA sal sódica al 10%, como anticoagulante. Una vez colectadas, fueron transportada en una cava de anime con hielo hasta el Laboratorio Clínico del Hospital I "Virgen del Valle" en Araya, municipio Cruz Salmerón Acosta del estado Sucre, donde se les determinaron los parámetros hematológicos: Hemoglobina (Hb), Hematocritos (Hcto), Concentración de Hemoglobina Corpuscular Media (CHCM), Volumen Corpuscular Medio (VCM), Hemoglobina Corpuscular Media (HCM) por medio de un analizador hematológico automático, modelo Medonic (Sokal y Rohlf, 1969).

El día que se les hizo el asesoramiento genético a los grupos familiares de los escolares que resultaron portadores de variantes hemoglobínicas, se colectaron 15 muestras en el grupo familiar de la población escolar de Araya y 18 en Manicuare. Y se les elaboro el árbol genético a un total de 5 familias en Araya y 5 en Manicuare.

Debido a la amplia variedad en el rango de edades, los escolares fueron separados en niños de 3 a 14 años, mientras que los adultos del grupo familiar se separaron en adultos hembras y adultos varones de 15 a 46 años. Los valores normales de los parámetros hematológicos definidos por la Organización Mundial de la Salud (OMS) para niños son: Hb 11-16/g-dL, Hcto 35-52%, CHCM 32-36 g/dL, VCM 86-98 FL, HCM 28-39 g/dL, para adultos hembras son: Hb 12-16/g-dL, Hcto 37-47%, CHCM 32-36 g/dL, VCM 86-98 FL, HCM 28-39 g/dL y para adultos varones Hb 14-18/g-dL, Hcto 35-52%, CHCM 32-36 g/dL, VCM 86-98 FL, HCM 28-39 g/dL (OMS, 2005).

Electroforesis en acetato de celulosa

La electroforesis en membranas de acetato de celulosa a pH alcalino, permite separar las variantes de la hemoglobina en función de su carga eléctrica. En un medio alcalino la mayor parte de las proteínas tienen carga negativa, y cuando son sometidas a un campo eléctrico, migran hacia el ánodo con una velocidad que es proporcional a su carga neta. Una vez finalizada la electroforesis, las proteínas se identifican por tinción y pueden cuantificarse por densitometría (Schneider, 1974).

Para la corrida electroforética las membranas de acetato de celulosa fueron hidratadas en un recipiente con el amortiguador Tris-EDTA-Borato (Trisma base 900 mM, EDTA ácido 6,3 mM, Ácido Bórico 500 mM) a pH 8,6. Luego se sacaron las membranas, y se le eliminó el exceso de amortiguador con papel filtro cuidadosamente y se marcaron las membranas para su identificación. Ambos compartimientos de la cámara de electroforesis se llenaron con 140 mL de H_2O (agua destilada) y 20 mL de amortiguador Tris-EDTA-Borato (TBE) en el compartimiento (+) cátodo y el compartimiento (-) ánodo se llenó con 150 mL de H_2O y 20 mL de amortiguador Tris-EDTA-Borato (TBE). Posterior a esto, se colocaron tiras de papel filtro para hacer un puente entre el amortiguador y la membrana, facilitándole la conducción eléctrica y así las muestras hicieron el recorrido. A las muestras de sangre se les hizo un hemolizado rápido, que consistió en agregar en un tubo de vidrio pequeño y limpio, 90 µL de Saponina y 30 µL de sangre. Luego se humedeció el aplicador con las muestras en el porta-aplicador, se colocó sobre las membranas de acetato previamente hidratadas con en el buffer TBE.

Las membranas se colocaron de forma invertida de manera que la parte que contiene la celulosa quedó hacia abajo; teniendo así contacto con las tiras del puente. Se conectaron los cables de la cámara a la fuente de poder correctamente y fue encendida, para que realizara la corrida electroforética a 250 voltios por 45 min. Luego se procedió a colorear las membranas utilizando rojo Ponceau, para ello se colocaron las membranas en un recipiente plástico y se le añadió el colorante, se dejaron durante 10 min luego se visualizaron las muestras y se detectaron variantes hemoglobínicas. Pasado el tiempo se procedió a lavar las membranas con ácido acético glacial al 5%.

Las membranas de acetato fueron clarificadas para su conservación por largo tiempo, para ello se sometieron a un proceso de descomposición de la celulosa, que consistió en colocar las membranas en un envase que contenía metanol se dejaron durante un minuto, luego se sacaron y secaron las membranas. Posteriormente, fueron introducidas en un recipiente que contenía una mezcla de metanol: ácido acético glacial en una proporción 20:80 por un minuto, luego fueron sacadas y calentadas en la estufa a 60°C, las membranas se tornaron transparente. Una vez que se realizó este procedimiento las membranas fueron debidamente rotuladas y almacenadas.

Cromatografía Líquida de Alta Precisión de Intercambio Catiónico (HPLC-CE)

Las muestras a las que se les detectaron alguna variante de hemoglobina mediante la técnica de electroforesis en acetato de celulosa, fueron analizadas por HPLC-CE para su confirmación, utilizando el sistema automatizado VARIANT Hemoglobin testing system Bio-Rad. Este sistema consta de cinco programas, de los cuales uno de ellos, el programa β-Thalassemia Short, es capaz de determinar los porcentajes relativos de las hemoglobinas A_1, A_2 y F (Ver Tabla 1).

El HPLC, es una técnica ampliamente difundida en los estudios biológicos, se basa en la separación de moléculas de acuerdo a sus tiempos de retención. En este caso la hemoglobina es absorbida en una columna de intercambio iónico, es eluída con solventes de concentración salina de diferente fuerza iónica. Dada las diferencias bioquímicas de las variantes hemoglobínicas y su repercusión en los tiempos de retención de las mismas sobre la columna, dichas variantes pueden ser identificadas de forma inequívoca.

Las muestras de sangre periférica se prepararon mezclando 5 μL de sangre total en 1 mL de solución hemolizante, con la ayuda de un Autodilutor Bio-Rad. Cada muestra fue cubierta con parafilm y mezclada por inversión. Luego, se colocaron dentro del VARIANT junto con una serie de reactivos, los cuales fueron procesados por el equipo al inicio de cada corrida. Estos reactivos incluyeron un "primer", encargado de acondicionar la columna (4,5 x 30 mm) para el análisis, un calibrador de las hemoglobinas A_2 y F y dos controles, uno normal y otro anormal, diseñados para monitorear la precisión de la cuantificación automatizada (Tan *et al.*, 1993).

Cada una de las muestras se incorporó de manera automática y secuencial a un gradiente preprogramado de dos amortiguadores de fosfato de sodio de diferente fuerza iónica a intervalos de 6,5 min. Una vez dentro del gradiente las muestras fueron transportadas a través de la columna, donde cada una se separó en sus componentes individuales.

Las fracciones eluídas pasaron luego por un filtro fotométrico de doble longitud de onda (415 y 690 nm), el cual monitoreó la elusión por medio de la detección de cambios en la absorbancia a 415 nm. El filtro secundario de 690 nm, se encargó de corregir el efecto causado por la mezcla del amortiguador con diferente fuerza iónica. Los cambios en la absorbancia fueron mostrados en un cromatograma (absorbancia versus tiempo), y los resultados fueron impresos a los 3 min de la inyección.

Tabla 1. Valores de referencias para las hemoglobinas normales (Tan *et al.,* 1993).

Tipo de hemoglobina	%
A_1	>97,0
F	< 0,5
A_2	2,5

Separación de glóbulos blancos mediante centrifugación en gradiente de densidad

Esta técnica es usada para separar macromoléculas de acuerdo a la densidad, es así como las moléculas más pesadas precipitan y las de menor peso molecular queden suspendidas, el resultado es una separación en bandas o zonas, para lograr la separación de los glóbulos blancos y los glóbulos rojos (Mongini y Waldner, 1996). Para ello, se le añadió 3 mL de Ficoll-Paque (Ficoll 100 mL, diatrizoato de sodio 4005,7 g, edetato de calcio disódico 9 g en agua Pharma Biotech) y se agregaron cuidadosamente por las paredes del tubo con ficoll 5 mL de la muestra de sangre tratando de no mezclar. Posteriormente, se centrifugaron a 3 000 rpm/30 min. Una vez que finalizó la centrifugación, seguidamente fue transferida la interface de leucocitos a otro tubo Falcon, posteriormente fueron lavados con una sustancia amortiguadora TE a un pH 7,5 (Tris-HCl 10 mmol. L^{-1}, EDTA 2 mmol. L^{-1}) y se resuspendieron con un agitador (Vortex). Luego se centrifugó a 3 000 rpm/10 min y se descartó el sobrenadante. Este procedimiento se repitió cuatro veces, una vez que se realizó el lavado se resuspendió las células en 1 mL de amortiguador TE y se guardaron en un vial eppendorf a -20°C.

Extracción de ADN genómico

Se empleó el protocolo de extracción de Welsh y Bunce (1999). Se tomó el paquete de glóbulos blancos y se le agregó 9 mL de amortiguador de lisis de glóbulos rojos (RCLB) (NH_4Cl 0,144 mol·L^{-1}, $NaCO_3$ 1 mol·L^{-1}), se mezcló por inversión varias veces y se dejó reposar para luego congelar a -20°C por 30 min. Posteriormente, se descongeló y se centrifugó a 3 500 rpm/15 min. Se descartó el sobrenadante, luego se lavó el precipitado con 5 mL de RCLB y se centrifugó a 3 500 rpm/15 min. Se descartó el sobrenadante y el precipitado se resuspendió en 600 μL de amortiguador de lisis de glóbulos blancos y dodecil sulfato de sodio (NLB+SDS) (NaCl 0,4 mol. L^{-1}, Tris-HCl 10 mmol. L^{-1} a un pH 8,2, EDTA disódico 2 mmol. L^{-1}). Luego el precipitado fue transferido a un vial eppendorf el cual se dejó incubando a 56°C durante toda la noche para disolver el precipitado. Una vez disuelto el paquete de glóbulos blancos se le adicionó 100 μL de NaCl 6 mol. L^{-1} y se mezcló con el vortex, luego se le agregó 600 μL de cloroformo para desnaturalizar las proteínas, fue agitado con el vortex hasta que se formó una emulsión lechosa y se volvió a centrifugar a 11 000 rpm/15 min.

Se extrajo la fase acuosa, y fue transferido a un nuevo vial; como la fase acuosa se observó turbia, se agregó nuevamente 600 μL de cloroformo para desnaturalizar las proteínas que pudiesen estar presentes. Se le adicionó 1 mL de etanol 100% en frío y se agitó por inversión suavemente hasta que fue observada una malla de ADN, se incubó por 30 min a -20°C y posteriormente se centrifugó a 11 000 rpm/5 min, se descartó el alcohol por inversión y se le añadió 1 mL de etanol frío al 70%, luego fue centrifugado a 11 000 rpm/5 min. Se eliminó el alcohol y se dejó secar el tubo colocándolo invertido sobre un papel absorbente por 30 minutos. Una vez que se secó el precipitado de ADN, se le añadió 100 μL de agua ultra pura y se incubó por 15 min a 65°C. El ADN se almacenó por períodos cortos de tiempo a -20°C.

Cuantificación del ADN genómico

La cuantificación del ADN genómico se realizó mediante espectrofotometría a 260 nm, usando un equipo de cuantificación Biofotometro Plus marca eppendorf (Kai, 2007). Para ello se preparó una disolución de la muestra de ADN 1/10 en una cubeta de cuarzo se introdujo la cubeta en el equipo de cuantificación, obteniéndose la lectura de la concentración de la muestra de ADN y el grado de pureza.

Electroforesis en gel de agarosa

La electroforesis es una técnica analítica de separación de macromoléculas, la cual se fundamenta en la movilidad diferencial de las macromoléculas cargadas cuando son sometidas a un campo eléctrico como consecuencia de su relación carga/masa (Westermeier, 1997).

Esta técnica fue utilizada para estimar la calidad del ADN. Para ello se preparó un gel de agarosa al 3%, se disolvió 1,2 g de agarosa en 40 mL de amortiguador TAE 1X (Tris-Ácido acético 0,8 mmol. L^{-1}, EDTA 0,02 mmol. L^{-1} a un pH 7,5) hasta que se obtuvo una solución transparente. Luego se añadió 1 µL de bromuro de etidio (0,5 µg/mL) para visualizar los fragmentos de ADN, posteriormente se dejó enfriar y se colocó en la bandeja, y se insertaron los peines. Se tomaron 3 µL de la muestra de ADN, se mezcló por pipeteo con 2 µL de amortiguador de carga y se depositó en las hendiduras hechas con los peines. La corrida electroforética se realizó a 150 voltios por 15 minutos en un amortiguador TAE 1X. Posteriormente, la placa de agar fue observada en un Transiluminador de luz UV, donde se fotografió y se evidencio el recorrido del ADN.

Reacción en cadena de la polimerasa (PCR)

La PCR permite realizar la amplificación enzimática *"in vitro"* de secuencias específicas de ADN. La reacción de PCR se llevó a cabo para un volumen final de 50µL, a la cual se le añadió un amortiguador Go Taq flexi 1X (50 mmol. L^{-1} Tris-HCL pH 8,3; 100 µg. mL^{-1} gelatina), 1 M cloruro de magnesio ($MgCl_2$) (3 mmol. L^{-1}), 25 mM dNTP's (0,4 mmol. L^{-1}), 20 pmol de cada oligonucleótido (10 mmol. L^{-1}), 2 U de Taq polimerasa Go Taq flexi y 100 ng de ADN.

Esta reacción se llevó a cabo en un termociclador Gene Amp PCR Syatems 2400 (Applied Biosystems) bajo las siguientes condiciones: desnaturalización inicial por 1 min a 94°C, hibridación de oligonucleótidos por 1 min a 50-55°C, de acuerdo con los fragmentos que se estudiaron y la elongación se realizó por 2 min a 72°C durante 35 ciclos. Las condiciones de PCRs utilizadas para la amplificación de regiones polimórficas de grupo de genes HBB, están representados en la (Ver Apéndice 5) según el protocolo de Bavilaquia *et al.* (1995).

Una vez que finalizó la amplificación de los cinco sitios polimórficos, las muestras se sembraron en un gel de agarosa al 3% y posteriormente el gel fue teñido con bromuro de etidio (10 mg.ml-1) la corrida fue a 150 voltios por 15 min y fue visualizado en un Transiluminador de luz UV.

Digestión con enzimas de restricción

Se procedió a realizar la digestión de las muestras amplificadas con las enzimas: HincII y HindIII, para el análisis de los cincos sitios polimórficos (HincII en 5'ε, HindIII $^G\gamma$, HindIII $^A\gamma$, HincII $\psi\beta$ y HincIII 3'$\psi\beta$) (Ver Figura 2), con la finalidad de identificar en las muestras un perfil de digestión específico. El producto de PCR se digirió con 2 U de cada una de las enzimas HincII y HindIII, a la cual se le añadió BSA 1 µg, luego se le agregó 2,5 µL de agua para PCR y la enzima correspondiente. Por último, se procedió a incubar a 37°C por 24 h (Long *et al.*, 1990). Para visualizar el patrón de digestión que se obtuvo de los fragmentos amplificados con las enzimas HincII y HindIII, se realizó una electroforesis en gel de agarosa al 3% a 150 voltios por 30 minutos (Westermeier, 1997) y se visualizaron los fragmentos que se generaron por el polimorfismo, usando bromuro de etidio como agente revelador y un Transiluminador de luz UV. La observación, las fotografías y el almacenamiento de los resultados para su posterior análisis se obtuvieron mediante un Gel Doc (Bio-Rad) (Ver Figura 3, 4, 5, 6 y 7).

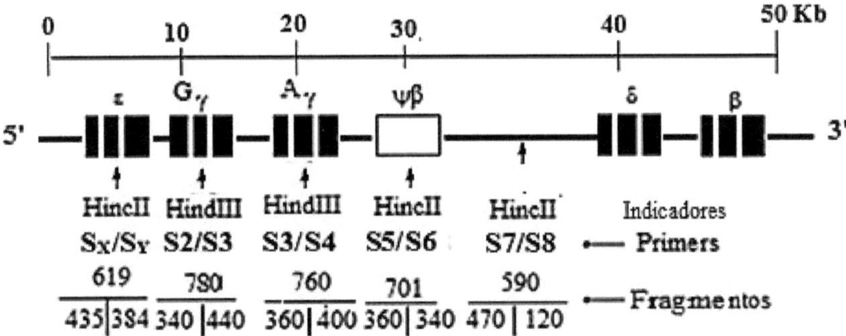

Figura 2. Disposición de los genes del bloque HBB. Los cuadros representan genes con exones (negros) e intrones (blancos). Las flechas señalan los RFLP`s, que definen los haplotipos, así como las enzimas que lo reconocen (Long *et al.*, 1990).

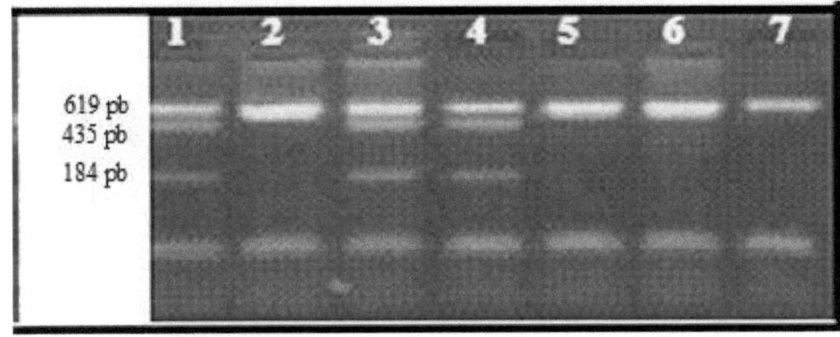

Figura 3. Patrones de digestión en gel de agarosa con la enzima HincII para el sitio HincII 5`ε. En escolares homocigotos con Hb AA normal y heterocigotos Hb AS evaluados en las dos poblaciones estudiadas. AMP: amplificación.

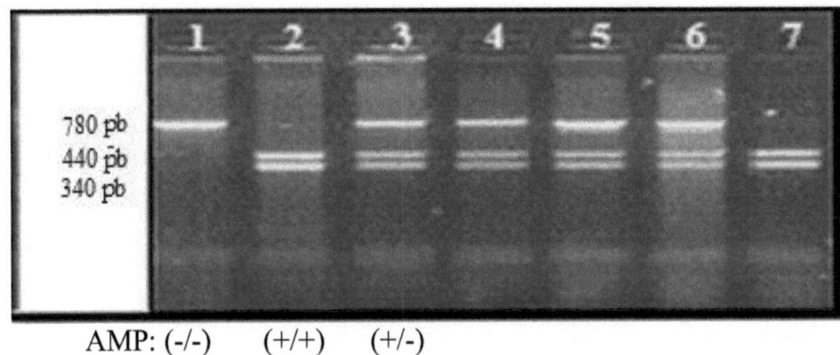

Figura 4. Patrones de digestión en gel de agarosa con la enzima HindIII para el sitio $^{G}\gamma$. En escolares homocigotos con Hb AA normal y heterocigotos Hb AS evaluados en las dos poblaciones estudiadas.

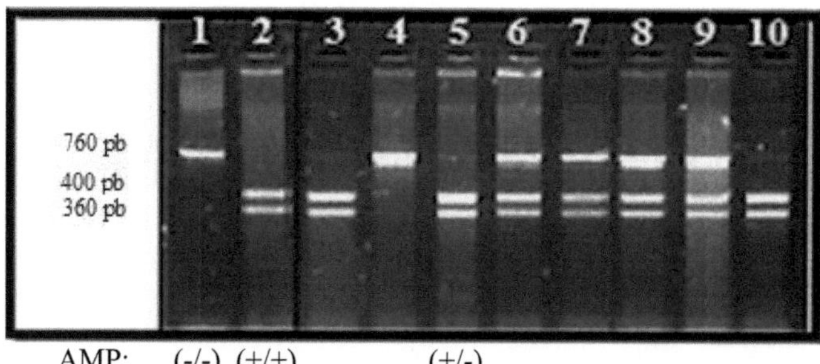

Figura 5. Patrones de digestión en gel de agarosa con la enzima HindIII para el sitio Aγ. En escolares homocigotos con Hb AA normal y heterocigotos Hb AS evaluados en las dos poblaciones estudiadas.

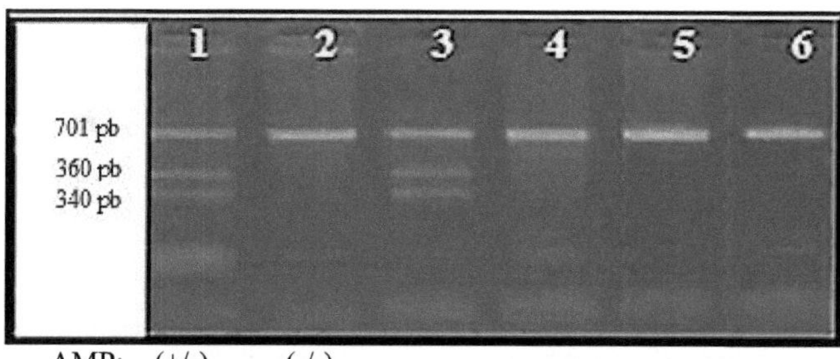

Figura 6. Patrones de digestión en gel de agarosa con la enzima HincII para el sitio HincII ψβ. En escolares heterocigotos con Hb AS y homocigotos A2↑ y homocigotos con Hb AA en las dos poblaciones estudiadas.

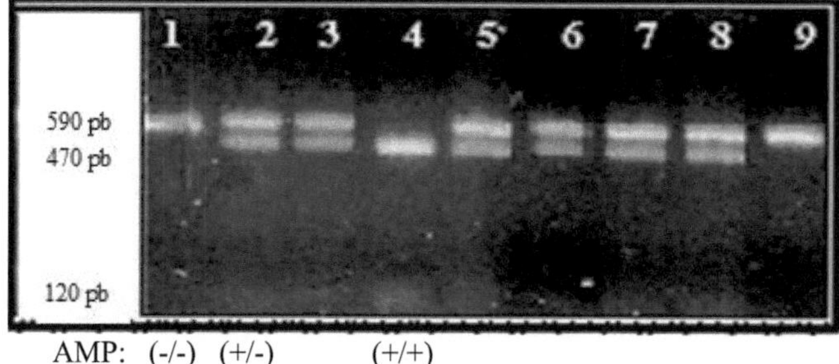

Figura 7. Patrones de digestión en gel de agarosa con la enzima HincII para el sitio HincII 3'ψβ. En escolares heterocigotos con Hb AS, heterocigotos A2↑ y homocigotos con Hb AA en las dos poblaciones estudiadas.

Asignación de haplotipos

Para la asignación de haplotipos se analizaron los sitios de corte de las enzimas de restricción sobre el ADN amplificado. La presencia o ausencia de los sitios de restricción fueron denotados con los signos (+) o menos (-) respectivamente de acuerdo a la clasificación de (Long *et al.*, 1990). Los haplotipos que no pudieron ser clasificados por esta nomenclatura se designaron como atípico (Sutton *et al.*, 1989).

Análisis de datos

La determinación de la frecuencia y la asociación entre las variantes hemoglobínicas y los haplotipos del gen HBB*A y HBB*S con los parámetros hematológicos fueron expresados mediante tablas y figuras.

RESULTADOS

Se analizaron 289 muestras de sangre periférica obtenidas en escolares provenientes de las "E. B. Cruz Salmerón Acosta" de Araya y Manicuare, mediante la técnica electroforesis en membrana de acetato de celulosa a pH alcalino como se muestra en el Apéndice 3, con la finalidad de identificar las variantes hemoglobínicas presentes en las poblaciones estudiadas. Encontrando una frecuencia de 6,2% (n=18) de variantes hemoglobínicas y la Hb A en estado homocigoto con un 93,8% (n=271) entre las dos poblaciones (Ver Figura 8).

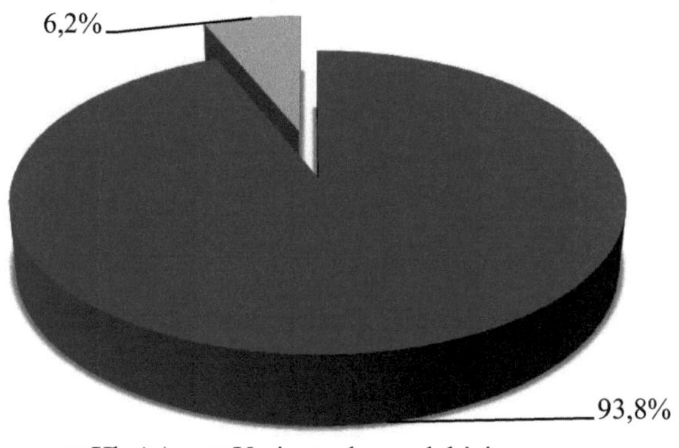

Figura 8. Frecuencia de variantes hemoglobínicas en los escolares no emparentados provenientes de Araya y Manicuare, municipio Cruz Salmerón Acosta, estado Sucre detectadas mediante la técnica de electroforesis en membrana de acetato de celulosa a pH alcalino.

En cuanto a los genotipos presentes fueron la Hb AA, Hb AS y la Hb AA$_2\uparrow$. Para su confirmación, fueron analizadas por HPL-CE, ya que las Hb S y la D cuando son expuestas a un campo eléctrico migran hacia el ánodo con la misma velocidad proporcional a la de su carga neta; mediante el análisis de la técnica HPL-CE se pudo determinar que estaba presente era la variante S y así se encontró concordancia entre las dos técnicas utilizadas.

Por consiguiente, en la población de Araya se identificó la Hb AA en forma homocigota con mayor frecuencia de 94,7% (n=125), esta se encontró asociada a la variante S con una frecuencia de 3,8% (n=5) y a la Hb A$_2\uparrow$ con 1,5% (n=2) en forma heterocigota (Hb AS y

Hb AA$_2$↑) (Ver Figura 9).

Como se puede observar en la Figura 10 se muestra que en la población escolar de Manicuare, de 157 muestras analizadas, 146 individuos presentaron la Hb AA en forma homocigota correspondiendo a una frecuencia del 93%, también se encontró asociada a la variante S con 3,2% (n=5) y a la Hb A$_2$↑ con 3,8% (n=6) en forma heterocigota (Hb AS y Hb AA$_2$↑).

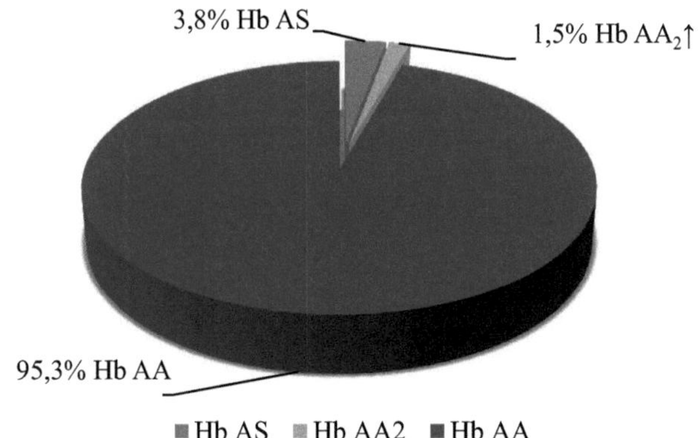

Figura 9. Distribución de frecuencias de variantes hemoglobínicas detectadas por electroforesis en membrana de acetato de celulosa en la población de Araya, municipio Cruz Salmerón Acosta, estado Sucre.

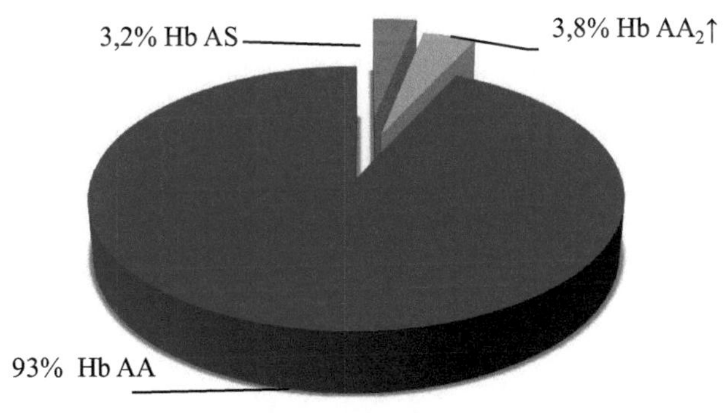

Figura 10. Distribución de frecuencias de variantes hemoglobínicas detectadas por electroforesis en membrana de acetato de celulosa en la población de Manicuare, municipio Cruz Salmerón Acosta, estado Sucre.

En los individuos con rasgo falciforme, los valores de Hb A_1 cuantificados por HPLC-CE oscilaron entre 58-59%, la Hb A_2 entre 2,5-5,5% presentando un ligero aumento, la Hb F entre 0,2-0,4% y la variante estructural encontrada (Hb S) oscilaron entre 37,8-38,1% (Ver Apéndice 4). En todos los casos estudiados no se encontró ningún caso falso positivo. En este sentido se pudo observar que la población de Araya y Manicuare presentaron la misma frecuencia de rasgo falciforme.

En cuanto a los parámetros hematológicos con sus valores están representados en la Tabla 2, con los fenotipos de niños, niñas escolares y el grupo familiar con los fenotipos de adultos hembras y adultos varones de la población de Araya, determinados por edad y sexo.

Tabla 2. Parámetros hematológicos de los escolares y el grupo familiar de la población de Araya, municipio Cruz Salmerón Acosta, estado Sucre.

| Ind. | Araya | | | Parámetros hematológicos | | | |
	Núm de casos	Tipos de Hb (%) ($\times\pm$DS)	Hb (g/dL) ($\bar{x}\pm$DS)	HCTO (%) ($\bar{x}\pm$DS)	VCM (FL) ($\bar{x}\pm$DS)	HCM (pg) ($\bar{x}\pm$DS)	CHCM (g/dL) ($\bar{x}\pm$DS)
Fenotipo AA							
Niños	125	93±1	12±1	34±1	80±3	32±1	32±2
Adultos hembras	3	97±2	9,5±1	35±3	87±9	33±2	37±3
Adultos varones	1	90	15	38	93	39	37
Fenotipo AS							
Niños	7	53±2	13±3	28±2	79±2	28±2	32±6
Adultos hembras	1	55	9	27	77	23	31
Adultos varones	4	56±2	14±2	30±2	83±1	35±3	26±2
Fenotipo AA$_2\uparrow$							
Niños	2	83±2	12±1	21±2	69±2	18±1	26±2
Total	143						

Hemoglobina (Hb), Volumen Corpuscular Medio (VCM), Concentración de Hemoglobina Corpuscular Media (CHCM), Hemoglobina Corpuscular Media (HCM), Media Aritmética (X), Desviación Estándar (DS), Individuo (Ind).

Los escolares de la población de Araya con rasgo falciforme presentaron valores de Hb 12,2±3 g/dL y HCTO 34±1 %. Uno de los portadores AS representado por un adulto hembra presentó valores disminuidos de los parámetros hematológicos (Hb 9 g/dL, VCM 77 FL, CHCM 31 g/dL, HCM 23 pg, HCTO 27 %). Los 2 escolares con Hb $AA_2\uparrow$ presentaron valores disminuidos de VCM 69±2 FL, CHCM, 26±2 g/dL, HCM 18±1 pg, HCTO 21±2 %.

Con respecto a los parámetros hematológicos de los escolares de Manicuare, los homocigotos AA presentaron la Hb 13,2±1 g/dL, VCM 75±3 FL, CHCM 36±2 g/dL, HCM 27±1 pg, HCTO 32±1%. Mientras que los escolares con rasgo falciforme presentaron los parámetros hematológicos Hb 12,1±3 g/dL, HCTO 35±3 %, VCM 77±6 FL, HCM 25±5 pg, CHCM 33±1 g/dL. Es importante resaltar, que los individuos con Hb $A_2\uparrow$ sus parámetros hematológicos se encontraron disminuidos (Hb 11±1 g/dL, HCTO 19±2 %, VCM 69±2 FL, CHCM 21±2 g/dL, HCM 15±1 pg), de igual forma se encontraron dos adultos hembras con rasgo falciforme con los valores eritrocitarios disminuidos (Hb 9,5±3 g/dL, HCTO 35±2 %, HCM 33±2 pg, VCM 57±2 FL, CHCM 86±2 g/dL) (Ver Tabla 3).

En el análisis de polimorfismos del gen HBB, fueron estudiados un total de 18 individuos. Se analizaron 26 cromosomas para el gen HBB*A y 10 para el gen HBB*S en individuos no emparentados. Se pudo identificar 7 haplotipos, 6 típicos y 1 atípico en 13 cromosomas para el gen HBB*A en la población de Araya, los más frecuentes fueron el 2 (+ - - - -) 38,4%, seguido del 1 (- - - - -) y el 10 (+ + - + +) 15,4%, los haplotipos 5 (- + - + +), 12 (+ + - - -), 14 (+ + - -+) y un haplotipo atípicos A con una frecuencia de 7,7% (Ver Tabla 4). El gen HBB*S se encontró asociado al haplotipo CAR (- + - - -) con mayor con una frecuencia de 80% en forma heterocigota y con un haplotipo atípico S (+ + - + -) con 20% (Ver Tabla 5).

En la población de Manicuare se lograron determinar 5 haplotipos, 4 típicos y 1 atípico en 13 cromosomas para el gen HBB*A, en los cuales se determinaron con mayor frecuencia los haplotipos 2 (+ - - - -) con un 53,8%, seguido del 1 (- - - - -), y un haplotipo atípico (+

- + -) con un 15,4% y el 5, 8, 9 (- + + + +) y 11 (- - - + +) con un porcentaje menor de 7,7% (Ver Tabla 7). El gen HBB*S se encontró asociado al haplotipo Bantú o CAR (- + - - -) con 40% y el Ben (- - - - +) con mayor frecuencia con un porcentaje del 40%, seguido del haplotipo Cam (20%) (Ver Tabla 8).

Tabla 3. Parámetros hematológicos de los escolares y el grupo familiar de la población de Manicuare, estado Sucre.

Ind.	Núm de casos	Tipos de Hb (%) ($\times\pm$DS)	Hb (g/dL) ($\bar{x}\pm$DS)	HCTO (%) ($\bar{x}\pm$DS)	VCM (FL) ($\bar{x}\pm$DS)	HCM (pg) ($\bar{x}\pm$DS)	CHCM (g/dL) ($\bar{x}\pm$DS)
				Parámetros hematológicos			
		Fenotipo AA					
Niños	146	89±1	13,2±1	32±1	75±3	27±1	36±2
Adultos hembras	5	86±1	12,3±2	34±3	92±9	29±1	35±3
Adultos varones	3	91±1	14±1	33±1	91±7	30±3	32±2
		Fenotipo AS					
Niños	5	51±2	12,1±3	35±3	77±6	25±5	33±1
Adultos hembras	3	57±2	11,3±3	36±1	86±2	33±2	36±2
Adultos varones	3	53±2	13,5±2	32±2	86±1	38±3	26±4
		Fenotipo AA$_2\uparrow$					
Niños	6	84±2	11±1	19±2	69±2	15±1	21±1
Total	171						

Hemoglobina (Hb), Volumen Corpuscular Medio (VCM), Concentración de Hemoglobina Corpuscular Media (CHCM), Hemoglobina Corpuscular Media (HCM), Media Aritmética (X), Desviación Estándar (DS), Individuo (Ind).

En la población de Araya se encontró un haplotipo con mayor frecuencia con un patrón de combinación (2/CAR) en 2 individuos, en un individuo con los haplotipos, los haplotipos (10/CAR) en 1 individuo, un individuo con los haplotipos (Atípico A/CAR) y por último un individuo con los haplotipos (1/Atípico S).

En Manicuare, se encontró en individuos heterocigotos AS, el haplotipo CAR con mayor frecuencia, en 1 casos 2/CAR, en 1 individuo 1/CAR y en 1 caso 8/CAR. Mientras que el haplotipo Benín presentó un patrón de combinación en 1 individuos 2/Ben y en un individuo 2/Cam. No encontrándose el haplotipo asiático en las muestras analizadas Y el haplotipo Senegal.

Tabla 4. Frecuencia de haplotipos del gen HBB*A estudiados en escolares provenientes de Araya, municipio Cruz Salmerón Acosta, estado Sucre.

Haplotipos*	HincII $5'\varepsilon$	HindIII G_γ	HindIII A_γ	HincII $\psi\beta$	HincII $3'\psi\beta$	N° de Cromosoma	Frec (%)
1	-	-	-	-	-	2	15,4
2	+	-	-	-	-	5	38,4
5	-	+	-	+	+	1	7,7
10	+	+	-	+	+	2	15,4
12	+	+	-	-	-	1	7,7
14	+	+	-	-	+	1	7,7
Atípico	+	-	-	+	-	1	7,7
Total						13	100

*Designación de acuerdo con Long et al. (1990)
*Designación de acuerdo con Villalobos *et al.* (1997)

Tabla 5. Distribución de haplotipos del gen HBB*S estudiados en escolares heterocigotos AS provenientes de Araya, municipio Cruz Salmerón Acosta, estado Sucre.

Haplotipos*	HincII $5'\varepsilon$	HindIII G_γ	HindIII A_γ	HincII $\psi\beta$	HincII $3'\psi\beta$	N° de Cromosoma	Frec (%)
Bantú o CAR	-	+	-	-	-	4	80
Atípico	-	+	-	+	-	1	20
Total						5	100

*Designación de acuerdo con Sutton *et al.* (1989)

Los parámetros hematológicos y haplotipos del gen HBB determinados en los individuos con rasgo falciforme en ambas poblaciones estudiadas están representados en la Tabla 8. En los individuos con rasgo falciforme con haplotipos CAR o Bantú de Araya presentaron valores hematológicos normales.

Tabla 6. Frecuencia de haplotipos del gen HBB*A estudiados en escolares provenientes de Manicuare, municipio Cruz Salmerón Acosta, estado Sucre.

| Haplotipos* | Sitios de Restricción | | | | | Nº de Cromosoma | Frec (%) |
| | HincII | HindIII | HindIII | HincII | HincII | | |
	5'ε	G_γ	A_γ	$\psi\beta$	$3'\psi\beta$		
1	-	-	-	-	-	2	15,4
2	+	-	-	-	-	7	53,8
8	+	-	-	+	+	1	7,7
11	-	-	-	+	+	1	7,7
Atípico	+	-	-	+	-	2	15,4
Total						13	100

*Designación de acuerdo con Long *et al.* (1990
*Designación de acuerdo con Villalobos *et al.* (1997)

Tabla 7. Distribución de haplotipos del gen HBB*S estudiados en escolares heterocigotos AS provenientes de Manicuare, municipio Cruz Salmerón Acosta, estado Sucre.

| Haplotipos* | Sitios de Restricción | | | | | Nº de Cromosoma | Frec (%) |
| | HincII | HindIII | HindIII | HincII | HincII | | |
	5'ε	G_γ	A_γ	$\psi\beta$	$3'\psi\beta$		
Bantú o CAR	-	+	-	-	-	2	40
Benín (Ben)	-	-	-	-	+	2	40
Camerún (Cam)	-	+	+	-	+	1	20
Total						5	100

*Designación de acuerdo con Sutton *et al.* (1989)

De las 15 muestras recolectadas en el grupo familiar de la población escolar de Araya 8 individuos resultaron heterocigotos AS con una frecuencia de 53,3% y el 43,7% (n=7) homocigotos AA. En el caso del grupo familiar de Manicuare de 18 muestras colectadas, 6 resultaron positivas para la Hb S con una frecuencia de 33,3% y 12 individuos homocigotos para Hb AA con un 66,7%.

Se le realizó estudio de polimorfismo genético al grupo familiar de los escolares que resultaron portadores de la Hb S, para este diagnóstico se analizaron 16 cromosomas para el gen HBB*A y 14 para el gen HBB*S. Se pudo identificar 4 haplotipos típicos en 10 cromosomas para el gen HBB*A en el grupo familiar de Araya, los más frecuentes fueron el 2 (+ - - - -) 70%, seguido del 1 (- - - - -), el 8 (+ - - + +) y el 10 (+ + - + +) 10% (Ver Tabla 9). El gen HBB*S se encontró asociado al haplotipo CAR (- + - - -) con mayor prevalencia con una frecuencia de 100% en forma heterocigota (Ver Tabla 10). Con un patrón de combinación en 6 individuos 2/CAR, un individuo 8/CAR y uno 10/CAR.

Al grupo familiar de los escolares de la población de Manicuare se lograron determinar 5 haplotipos, 4 típicos y 1 atípico en 13 cromosomas para el gen HBB*A, en los cuales se determinaron con mayor frecuencia los haplotipos 2 (+ - - - -) con un 53,8%, seguido del 1 (- - - - -), y un haplotipo atípico (+- - + -) con un 15,4% y el 5, 8, 9(- + + + +) y 11 (- - + +) con un porcentaje menor de 7,7% (Ver Tabla 11). El gen HBB*S se encontró asociado al haplotipo Bantú o CAR (- + - - -) con 50% con mayor frecuencia, seguido del haplotipo Ben (- - - - +) con un 33,3% y el Cam (16,7%) (Ver Tabla 12). Con un patrón de combinación en 2 individuos 2/CAR, un individuo 9/CAR, uno 2/Ben, 1 individuo 5/Ben y uno 11/Cam.

En las figuras 11, 12, 13, 14 y 15, se muestran los árboles genealógicos de familias que portan el alelo S y los haplotipos del gen HBB estudiados en la población de Araya

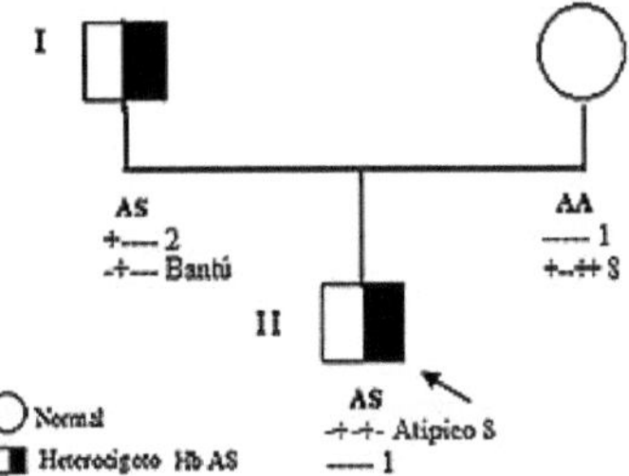

Figura 11. Árbol genealógico de la familia I portador del alelo S y los haplotipos asociados del gen HBB estudiados en la población de Araya, estado Sucre.

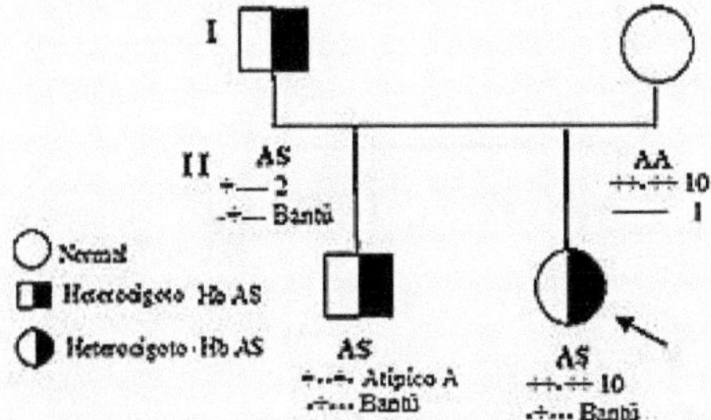

Figura 12. Árbol genealógico de la familia II portadores del alelo S y los haplotipos asociados del gen HBB estudiados en la población de Araya, estado Sucre.

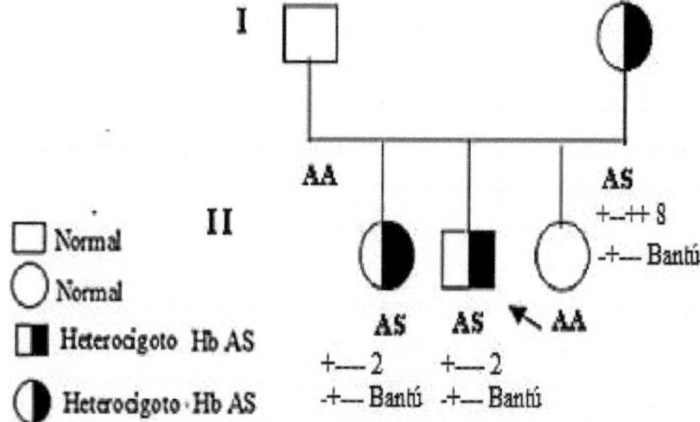

Figura 13. Árbol genealógico de una familia III portadores del alelo S y los haplotipos asociados del gen HBB estudiados en la población de Araya, estado Sucre.

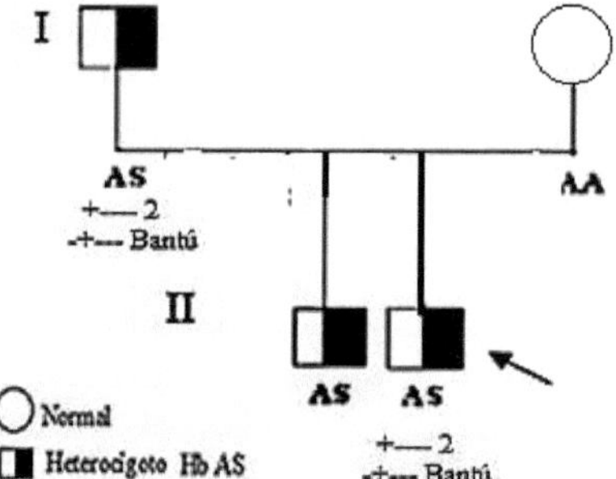

Figura 14. Árbol genealógico de la familia IV portadores del alelo S y los haplotipos asociados del gen HBB estudiados en la población de Araya, estado Sucre.

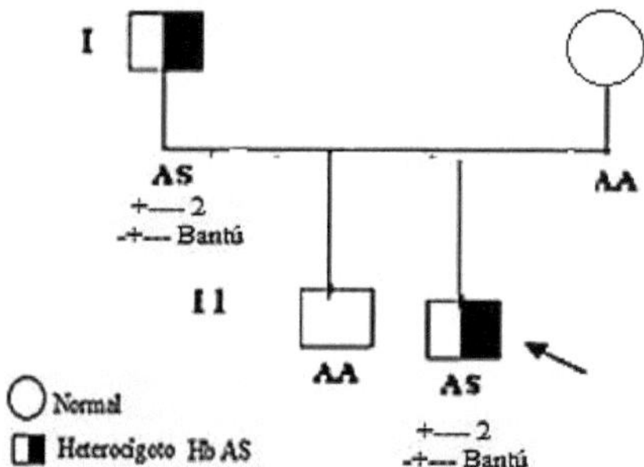

Figura 15. Árbol genealógico de la familia V portadores del alelo S y los haplotipos asociados del gen HBB estudiados en la población de Araya, estado Sucre.

Tabla 8. Parámetros hematológicos y haplotipos del gen HBB*S determinados en escolares heterocigotos AS de Araya y Manicuare, municipio Cruz Salmerón Acosta, estado Sucre.

	Araya		**Parámetros hematológicos**				
Núm de casos	Haplotipos	Fenotipo	Hb (g/dL) ($\times \pm DS$)	HCTO (g/dL) ($\times \pm DS$)	VCM (FL) ($\times \pm DS$)	CHCM (g/dL) ($\times \pm DS$)	HCM (pg) ($\times \pm DS$)
3	CAR o Bantú	AS	12±1	34±1	89±3	33±2	32±1
1	Atípico S	AS	14,1	34,3	77	27,8	35,9
	Manicuare						
2	CAR o Bantú	AS	13±2	33±2	79±3	37±2	35±1 2
2	Benín (Ben)	AS	12±1	22±3	79±1	30,7±1	38,9±1
1	Camerún (Cam)	AS	13,6±1	33,3±1	77±1	14,8±1	36±1

Hemoglobina (Hb), Volumen Corpuscular Medio (VCM), Concentración de Hemoglobina Corpuscular Media (CHCM), Hemoglobina Corpuscular Media (HCM), Media Aritmética (X), Desviación Estándar (DS).

Y en las Figuras 16, 17, 18, 19 y 20 están representados los árboles genealógicos de familias que portan el alelo S y los haplotipos del gen HBB estudiados en la población de Manicuare.

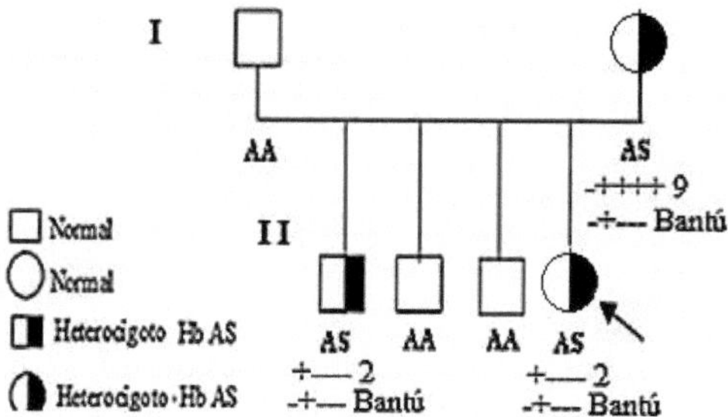

Figura 16. Árbol genealógico de la familia I portadora del alelo S y los haplotipos asociados del gen HBB estudiados en la población de Manicuare, estado Sucre.

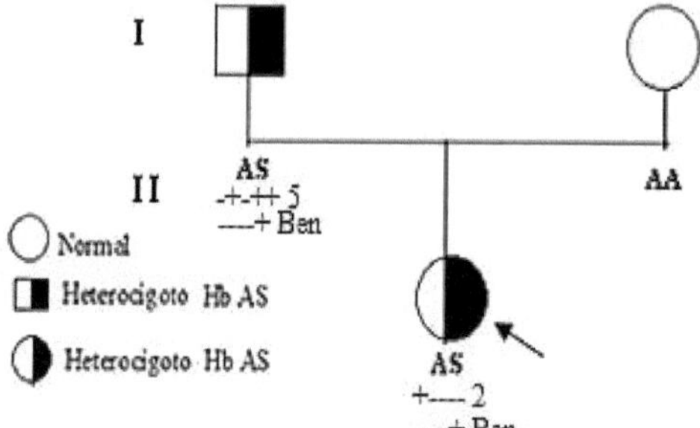

Figura 17. Árbol genealógico de la familia II portadora del alelo S y los haplotipos asociados del gen HBB estudiado en la población de Manicuare, estado Sucre.

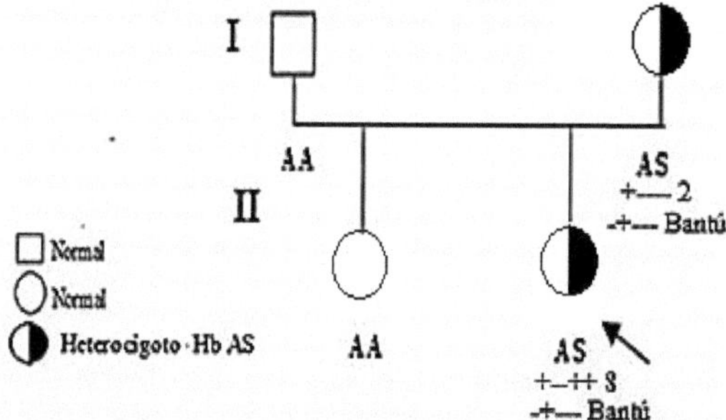

Figura 18. Árbol genealógico de la familia III portadores del alelo S y los haplotipos del gen HBB estudiados en la población de Manicuare, estado Sucre.

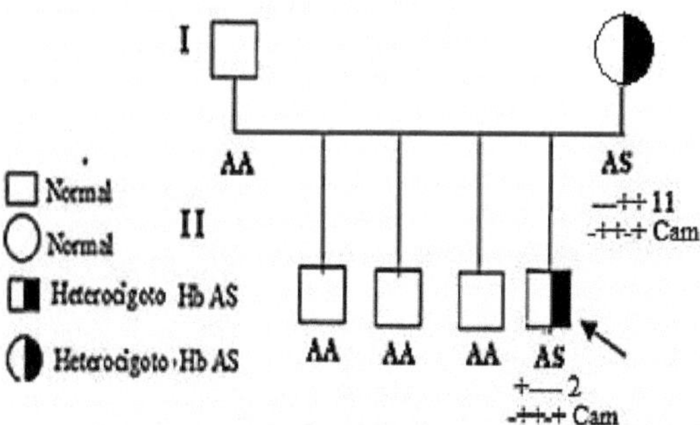

Figura19. Árbol genealógico de la familia IV portadores del alelo S y los haplotipos asociados del gen HBB estudiados en la población de Manicuare, estado Sucre.

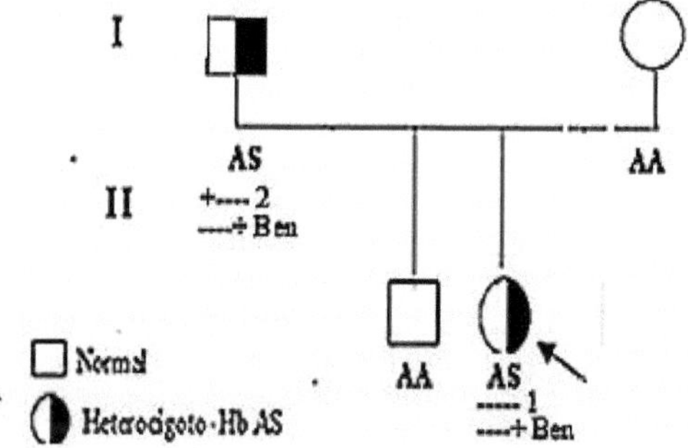

Figura 20. Árbol genealógico de la familia V portadores del alelo S y los haplotipos asociados del gen HBB estudiados en la población de Manicuare, estado Sucre.

Tabla 9. Frecuencia de haplotipos del gen HBB*A estudiados en el grupo familiar de los escolares de Araya, municipio Cruz Salmerón Acosta, estado Sucre.

	Sitios de Restricción						
Haplotipos*	HincII 5'ε	HindIII G_γ	HindIII A_γ	HincII $\psi\beta$	HincII 3'$\psi\beta$	N° de Cromosoma	Frec (%)
1	-	-	-	-	-	1	10
2	+	-	-	-	-	7	70
8	+	-	-	+	+	1	10
10	+	+	-	+	+	1	10
Total						10	100

*Designación de acuerdo con Long *et al.* (1990)

Tabla 10. Distribución de haplotipos del gen HBB*S estudiados en el grupo familiar de los escolares de Araya, municipio Cruz Salmerón Acosta, estado Sucre.

	Sitios de Restricción						
Haplotipos*	HincII $5'\epsilon$	HindIII $G\gamma$	HindIII $A\gamma$	HincII $\psi\beta$	HincII $3'\psi\beta$	**N° de Cromosoma**	**Frec** (%)
Bantú o CAR	-	+	-	-	-	8	100
Total						8	100

*Designación de acuerdo con Sutton *et al.* (1989)

Tabla 11. Frecuencia de haplotipos del gen HBB*A estudiados en el grupo familiar de los escolares de Manicuare, municipio Cruz Salmerón Acosta, estado Sucre.

	Sitios de Restricción						
Haplotipos*	HincII $5'\epsilon$	HindIII $G\gamma$	HindIII $A\gamma$	HincII $\psi\beta$	HincII $3'\psi\beta$	**N° de Cromosoma**	**Frec** (%)
2	+	-	-	-	-	3	50
5	-	+	-	+	+	1	16,7
9	-	+	+	+	+	1	16,7
11	-	-	-	+	+	1	16,7
Total						6	100

*Designación de acuerdo con Long *et al.* (1990)

Tabla 12. Distribución de haplotipos del gen HBB*S estudiados en el grupo familiar de los escolares de Manicuare, municipio Cruz Salmerón Acosta, estado Sucre.

	Sitios de Restricción						
Haplotipos*	HincII $5'\epsilon$	HindIII $G\gamma$	HindIII $A\gamma$	HincII $\psi\beta$	HincII $3'\psi\beta$	**N° de Cromosoma**	**Frec** (%)
Bantú o CAR	-	+	-	-	-	3	50
Benín (Ben)	-	-	-	-	+	2	33,3
Camerún (Cam)	-	+	+	-	+	1	16,7
Total						6	100

*Designación de acuerdo con Sutton *et al.* (1989)

DISCUSIÓN

Del analizado de 289 muestras de sangre periférica, se pudo determinar la presencia de variantes hemoglobínicas con origen africano en ambas poblaciones. De acuerdo, con la comparación de la frecuencia de variantes hemoglobínicas encontradas entre los escolares perteneciente a las escuelas de Araya y Manicuare, se pudo determinar la mayor frecuencia para la variante S con 3,8% (n=5) y un 1,5% (n=2) para la Hb $A_2\uparrow$ en Araya a diferencia de las variantes encontradas en Manicuare, de 5 individuos con variante S se obtuvo el 3,2% y un 3,8% de Hb $A_2\uparrow$ (n=6). En este sentido, se pudo observar que la población de Araya y Manicuare presentaron la misma frecuencia del rasgo falciforme, lo que puede generar un grave problema de salud pública en estas dos poblaciones a futuro.

La presencia de la Hb S de origen africano en Araya y Manicuare se debe en parte a la ubicación geográfica o el dinamismo entre el tránsito humano de individuos africanos y europeos durante la época de la colonia, a la cual estuvieron sujetas ambas poblaciones en los siglos pasados. Según Navarrete, 2005 la península de Araya era punto de llegada de los barcos esclavistas y uno de los centros importantes de la trata de esclavos, porque en la península de Araya desembarcaba los barcos que traían los esclavos africanos para realizar el trabajo forzoso, como por ejemplo los holandeses que introdujeron esclavos africanos en la península con el fin de realizar el trabajo de la explotación de las salinas de la península de Araya.

Estos resultados concuerdan con los resultados obtenidos por Arends *et al.* (2007) en un estudio sobre hemoglobinopatías realizado en Venezuela; en este estudio se analizaron 80 400 muestras de individuos provenientes de diferentes regiones del país, encontrado el 9% (7 305 individuos) de hemoglobinopatías, de las cuales el 80% fueron variantes estructurales en estado heterocigoto, homocigoto o asociadas a una talasemia menor. De la misma forma Medina (2013) reportó en el municipio Benítez y Bolívar, estado Sucre, una frecuencia de 2,0% de variantes hemoglobínicas en Guariquen municipio Benítez y 3,0% de variantes en Petares municipio Bolívar siendo la variante S la de mayor frecuencia seguida de la C.

Los resultados obtenidos en Araya y Manicuare en escolares y su grupo familiar en el período 2014-2015, corroboran los resultados obtenidos en un estudio realizado en Araya y Manicuare sobre variantes hemoglobínicas por Salazar *et al.* (1996), en este año encontraron la presencia de variantes hemoglobínicas con una frecuencia de 2,5% del análisis en 200 muestras de sangre periférica , encontrando una muestra con Hb C y otra con Hb $SA_2\uparrow$, dos presentaron valores de Hb $A_2\uparrow$, una de ellas con evidencia de β-talasemia menor y una muestra presentó Hb fetal aumentada en la población escolar de Araya, y en Manicuare sólo una fue heterocigota AS con una frecuencia de 0,74% (n=135), estos resultados llevaron a concluir a estos investigadores, que las variantes en estas dos poblaciones son esporádicas o el resultado de migraciones resientes (pequeñas migraciones), ya que los individuos que se les detectó las variantes en Manicuare provenían del municipio Rivero.

Como se puede comprobar la alta frecuencia de Hb S de origen africano y la Hb $A_2\uparrow$ como indicativo de beta talasemia menor generalmente en individuos caucásicos provenientes del Mediterráneo reportadas en Araya y Manicuare en el período escolar 2014-2015. Se debe al alto índice de endogamia a la cual se han sometido estas dos poblaciones por mucho tiempo, ya que todos los individuos con rasgo falciforme encontrados en estas dos poblaciones reportaron ser habitantes nacidos en estas dos poblaciones, y en el estudio familiar los ancianos mencionaron ser fundadores de Araya y Manicuare, lo que significa que estas variantes hemoglobínicas no son esporádicas en estas poblaciones y se deben a las grandes migraciones en la época de la colonia.

Una vez más se evidencia la presencia de variantes hemoglobínicas en poblaciones del estado Sucre y su íntima relación con la llegada de europeos y africanos durante el proceso de colonización; es así como la distribución de las mismas responde a un patrón determinado por la manera como estas poblaciones se establecieron en el territorio venezolano (Acosta, 1967; Cunil-Grau, 1987; Sáenz, 1988; Arends et al., 2000; Salazar et al., 2002; Arends et al., 2007). Es conocido que el estado Sucre tiene un 16% de componente africano en sus pobladores (Salazar, 2004).

Por consiguiente, la manifestación de niveles de Hb $A_2\uparrow$ hallados en dos individuos de la población de Araya con valores disminuidos de VCM 69±2 FL y HCM 18±1 pg y 6 en Manicuare con VCM 62±2 FL y HCM 15±1 pg respectivamente, esto podría significar que estos valores conlleven a estos individuos, a una microcitosis con hipocromía (VCM y HCM) inferior al límite normal. De manera que los niveles elevados de Hb A_2 son variables de acuerdo a la mutación que causa este trastorno y, generalmente, son consideradas como indicativo de β talasemia mínima o ′′rasgo talasémicos′′ en individuos caucásicos provenientes del Mediterráneo (Evans et al., 2003; Villalba, 2015). Lo que significa, que en la población de Manicuare existe una gran variabilidad de razas encontrándose con mayor frecuencia el componente europeo, seguido del componente africano.

Salazar (2004), señala que, por entidades federales, la mayor incidencia de Hb S en Venezuela se encuentran en los estados Bolívar, Guárico, Cojedes y Aragua, siendo este último el que presenta mayor porcentaje de dicha alteración genética. A su vez, los estados Táchira, Mérida y Nueva Esparta, son los que presentan menor frecuencia de esta variante hemoglobínica. En el resto de los estados la frecuencia de hemoglobina S oscila entre 1,5 y 3,5%.

En cuanto a los parámetros hematológicos determinados en escolares de ambas poblaciones estudiadas, los valores promedios de Hb, Hcto, VCM, CHCM y HCM en escolares con fenotipo AA no indicaron alteraciones hematológicas y los valores se mantuvieron dentro del rango de referencia propuesta por la OMS (OMS, 2005).

En los casos de portadores de la Hb S, diagnosticados en las dos poblaciones de estudio mostraron mínimas alteraciones en la serie hematológicas, esto puede deberse a que más de la mitad de su sangre sintetizada se encuentre alterada genéticamente, mientras que la otra mitad es normal, lo que ayudaría a contrarrestar los efectos que pudieran ocasionar la mutación en estos individuos, exhibiendo la misma eficacia biológica que los homocigotos normales (Hb AA) (Sebastiani *et al.,* 2005; Pérez, 2015; Villalba, 2015), lo cuales concuerdan con los resultados registrados por Salazar *et al.* (1996) en escolares de las poblaciones de Araya y Manicuare.

La excepción fue con tres portadores AS representado por tres adultos hembras quienes presentaron valores disminuidos de los parámetros hematológicos (Hb, VCM). También presentaron disminución de la Hb basal durante los embarazos, lo que le ocasionó una anemia ferropénica. Los tres individuos con rasgo drepanocítico presentan hipoxia en el momento que se encuentran en sitios encerrados, como por ejemplo en los medios de transportes marítimos conocidos como ''Tapaitos'', por lo que para esas personas es complicado viajar contantemente en este tipo de transporte.

Por lo tanto, los parámetros hematológicos pudieran variar dependiendo, en cierto modo, del medio en el cual se desarrolle el individuo, a factores genéticos o en muchos otros casos a elementos implicados con otras enfermedades que comprometan la salud del individuo (Medina, 2013).

Con respecto al análisis de los polimorfismos del gen HBB*A, se identificaron 12 haplotipos. El haplotipo con mayor frecuencia en ambas poblaciones estudiadas fue el haplotipos 2 (+ - - - -). El mismo haplotipo reportado en poblaciones oceánicas, como Melanesia y Polinesia. También fueron reportados en tribus brasileñas y en otras poblaciones venezolanas. Mientras que para Vivenes *et al.* (2003) fue el haplotipo más relevante encontrado entre las costas de Sucre y Anzoátegui. El haplotipo 2 (+ - - - -) del gen HBB*A, es el segundo en frecuencia en poblaciones mexicanas de raíces africanas. Su presencia en Araya y Manicuare es un indicio de mezcla con poblaciones oceánicas, europeas, amerindias y africanas. Según Long *et al.* (1990) el haplotipo 2 es el resultado de un haplotipo ancestral u otro de primer orden, originado por mutaciones o conversiones génicas

En Araya y Manicuare, se encontró el mismo haplotipo atípico (+ + - +-) reportados por Villalobos *et al.* (1997), en una población indígena mestiza mexicana. Este mismo haplotipo fue reportado por González *et al.* (1998), en la población afro-americana de Campoma, estado Sucre.

El hallazgo de haplotipos atípicos del gen HBB*A y HBB*S en Araya y Manicuare, es el producto de diversos eventos de recombinaciones entre haplotipos ancestrales que fueron fijados como resultados del desequilibrio de ligamientos, lo cual es un indicativo del parentesco entre los individuos estrechamente relacionados. Esto puede causar que los haplotipos presentes en los cromosomas ancestrales para la anemia falciforme (CAR o Bantú, Ben, Cam, Sen y Árabe/Hindú) y los haplotipos del cromosoma del gen HBB*A, se recombinen en individuos heterocigotos (para los haplotipos) causando que su progenie presente haplotipos atípicos (Villalobos *et al.,* 1997; Medina, 2013).

En el estudio de polimorfismo del gen HBB*S, en la población de Araya se obtuvo con mayor frecuencia el haplotipo Bantú (- + - - -) con un 80%, el mismo haplotipo que predomina en individuos provenientes del estado Sucre, Anzoátegui, Cojedes y Carabobo (Vivenes *et al.,* 2003; Arends *et al.,* 2007). De igual forma se encontró en Brasil, Colombia, Guadalupe y toda la zona del Caribe. Regiones que estuvieron implicadas en el arribo de barcos esclavistas desde África a las colonias en América durante la época de auge de la colonización (Duran *et al.,* 2012; Romero *et al.,* 2015; Villalba, 2015).

En la población de Manicuare, se determinó un orden de frecuencia de los haplotipos del gen HBB*S de la siguiente manera, el haplotipo Bantú (- + - - -) y Ben (- - - - +) con un 40%, seguido del haplotipo Cam (- + + - +) con un porcentaje de un 20%. Es importante resaltar, que en las dos poblaciones estuvieron ausentes los haplotipos Sen y Árabe/Hindú.

De manera que se encontró el mismo orden de frecuencia de los haplotipos hallados en varios estudios realizados en Brasil y Colombia. Moreno *et al.* 2002 en el estado Aragua y Arends *et al.* (2007) reportaron que en el noroeste de Venezuela el haplotipo Ben es el más frecuente, seguido por el CAR y pequeñas proporciones del Sen y Cam.

El estudio familiar se realizó con el fin de corroborar la procedencia del alelo S, encontrados en las poblaciones escolares estudiadas. De manera que, se pudo determinar con mayor frecuencia la Hb S en ambas poblaciones. En el grupo familiar de Araya se determinó 53,3% de la variante S en 8 individuos. En el caso del grupo familiar de Manicuare 6 resultaron positivas para la Hb S con una frecuencia de 33,3%. En el grupo familiar de los escolares de Manicuare se encontró el haplotipo CAR con mayor frecuencia, seguido del Ben y Cam. Sin embargo, en Araya solo se reportó el haplotipo CAR en el grupo familiar.

Con la realización de los árboles genealógicos, se pudo indicar, los individuos que presentan el alelo mutado, para así tener una mejor visión de cómo se pueden heredar estas alteraciones en las hemoglobinas. Como se pudo observar en los arboles genéticos de los grupos familiares de Araya la mayoría heredaron el alelo a partir del padre y un grupo lo heredaron de la madre. Encambio en Manicuare 3 niños heredaron el alelo S de la madre y 2 niños lo heredaron del padre. De manera que así se pudo explicar con mayor facilidad a cada grupo familiar las posibilidades de tener niños homocigotos para la Hb S y los haplotipos asociados a esta mutación.

Con el estudio de polimorfismo genético en Araya y Manicuare, se pudo evidenciar el poblamiento de los africanos en el municipio Cruz Salmerón Acosta, estado Sucre, y que la mayoría de estos individuos tenían su origen en la Región Central Africana (CAR), y pequeñas proporciones en Benín y Camerún. Estos resultados difieren con los reportados para los municipios Rivero, Bolívar y Benítez, los cuales presentaron un orden de frecuencia para los haplotipos del gen HBB*S (Ben, CAR y Sen) (González *et al.,* 1998; Medina, 2013). Sugiriendo dos historias diferentes para el tráfico de esclavos en el oriente de Venezuela (estado Sucre) y con ellos una distribución diferente de hemoglobinopatías y sus haplotipos asociados al gen HBB.

En varios estudios, se ha postulado que la mayor proporción de individuos que llegaron a América provenientes de África tenían su origen en Benín y proporciones pequeña en la Región Central Africana (CAR), Senegal y Camerún (González *et al.,* 1998; Moreno *et al.,* 2002; Arends *et al.,* 2007; Medina, 2013). Sin embargo, en nuestro hallazgo se encontró el haplotipo CAR con una mayor proporción en ambas poblaciones estudiadas.

Una importante diferencia entre el presente estudio y otros relacionados con hemoglobinopatías y haplotipos del gen HBB en Venezuela, radica en las poblaciones estudiadas. Cada población mostro una distribución particular de haplotipos, lo que explica que la distribución de los haplotipos en las poblaciones incluidas en este estudio sugiere que los individuos provenientes del centro de África (Bantú) se dispersaron a lo largo del oriente de Venezuela y, por lo tanto, contribuye el haplotipo más frecuente en Araya y Manicuare, municipio Cruz Salmerón Acosta, estado Sucre.

La identificación en el nivel genético molecular de los polimorfismos del gen HBB*S han permitido estudiar los patrones culturales y migratorios de los pueblos africanos, afroamericanos y asiáticos. En América, se ha podido descifrar con exactitud la procedencia de los negros esclavos durante siglos pasados. El mestizaje evidente de la población hace de los haplotipos y de las variantes hemoglobínicas una herramienta útil para corroborar la información histórica del poblamiento de Venezuela (Arends, 1971; Salazar, 2004; Bravo-Urquiola *et al.*, 2007). De manera, que la gran frecuencia de haplotipos mezclados encontrados en el país podría incidir sobre el comportamiento clínico de los casos (Bravo-Urquiola *et al.*, 2007).

Los individuos que presentaron haplotipos CAR (- + - - -), Benín (- - - - +), Cam (- + + +) y Atípico (+ + - + -) S, presentaron mínima alteraciones de los parámetros hematológicos, debido a que los portadores de Hb S solo presentan la afección en un alelo del gen. Sin embargo, por lo general no presentan cambios en los parámetros hematológicos.

Aparentemente no existen anemias ferropénicas, ni anormalidad en el resto de los parámetros hematológicos en las poblaciones estudiadas; la aparente ausencia de anemia por déficit de hierro está relacionada con los hábitos alimenticios de estas personas donde su principal sustento es el pescado como fuente de proteína animal, el cual además de ser rico en hierro (hemo) favorece la absorción del no hemo presente en los productos vegetales de la dieta (Cook y Monsen, 1976). Aunque cabe señalar que existen estudios que muestran que el consumo de hierro y los niveles de hemoglobina en la sangre son variables independientes (Mata *et al.*, 1993).

En algunos estudios se han reportado que las alteraciones hematológicas más acentuadas se observan en pacientes con anemias drepanocíticas o rasgo falciforme que heredan haplotipos CAR (- + - - -), Benín (- - - - +) y Cam (- + + - +), en los cuales presentan una sintomatología más severa, a diferencia de los que heredan haplotipo Sen (- + - + +) y

Árabe/Hindú que tienen severidad intermedia, esto se debe a la persistencia de Hb F después de la edad fetal en el individuo en algunos casos (Duran *et al.*, 2012; Villalba, 2015). Aunque no siempre se presenta esta relación, los haplotipos de un individuo permiten hacer una aproximación a la severidad que puede alcanzar la enfermedad de anemias falciforme. Además, los haplotipos representan un indicador de la respuesta que puede expresar un individuo con anemia falciforme o el rasgo falciforme al tratamiento con hidroxiurea, tratamiento más común para la enfermedad.

La hidroxiurea incrementa las concentraciones de la Hb F, pero en pacientes con haplotipos Bantú y Cam son necesarias concentraciones de hidroxiurea cercanas al rango toxico del medicamento para alcanzar una concentración de Hb F que minimice de manera significativa los síntomas de la enfermedad. Adicionalmente, la respuesta al medicamento disminuye rápidamente en el tiempo en estos pacientes (Duran *et al.*, 2012). Un conocimiento temprano de los haplotipos de un individuo permite tomar medidas respecto al tipo de tratamiento que debe utilizarse para minimizar el daño.

Es propicia la ocasión, para insistir en el real y verdadero problema de salud pública que significan las enfermedades drepanocíticas en varios países o regiones de nuestra América. Salvo en los casos excepcionales de hipoxia en individuos heterocigoto Hb AS, ya que es un estado benigno que no constituye un problema notable de salud pública, aunque sí lo es de educación y de asesoría genética.

La drepanocitosis es considerada por la OMS un problema de salud pública por su alta prevalencia en ciertas regiones a nivel mundial, especialmente en países subdesarrollados en donde el manejo sigue siendo inadecuado, con carencia de programas de tamizaje, prevención y control, realizándose un diagnóstico tardío cuando el paciente ya presenta complicaciones irreversibles.

El objetivo primordial debe enfocarse en mejorar la atención de este grupo de pacientes, procurando un abordaje temprano e integral, implementando los programas de búsquedas masivas en poblaciones escolares, de manera tal que se pueda prevenir la llegada de niños y niñas, con anemia drepanocítica, en el momento que los escolares en el futuro decidan tener su ascendencia.

Por tal motivo, se ha llevado a cabo esta investigación para determinar las variantes hemoglobínicas y los haplotipos asociados del gen HBB, en escolares y el grupo familiar provenientes de Araya y Manicuare, municipio Cruz Salmerón Acosta, estado Sucre. Se les dio a conocer a los individuos portadores de Hb S, lo delicado y grave que es la anemia drepanocítica, dictándoles varias charlas, para informarles a los padres y familiares. Luego se les orientó, dándoles asesoramiento genético para así prevenir el nacimiento de nuevos niños homocigotos. Estos estudios son importantes ya que representan un aporte al conocimiento de la estructura genética de la población venezolana, en este caso de la población del estado Sucre, en el municipio Cruz Salmerón Acosta. Este estudio forma parte del grupo de investigaciones que se están realizando en el estado Sucre con la finalidad de identificar los municipios con mayor incidencia de haplotipos del gen HBB asociados a las diferentes hemoglobinopatías. Ya que la relación entre los diversos haplotipos del gen HBB*S y los síntomas heterogéneos de anemia drepanocítica ha permitido elucidar, aunque tan solo parcialmente, la expresividad biológica de esta enfermedad, que debe ser debidamente diagnosticada con técnicas apropiadas para descartar otros factores capaces de enmascarar el verdadero genotipo hemoglobínico del individuo.

CONCLUSIONES

En esta investigación se detectó la presencia de las Hb A en forma homocigota y las variantes S y $A_2\uparrow$ en forma heterocigota en ambas poblaciones con una elevada frecuencia.

El origen de la Hb S detectada en las poblaciones Araya y Manicuare pone una vez más, en manifiesto la existencia de los distintos troncos raciales reportados anteriormente.

Los niveles elevados de Hb A_2 reportados en algunos de los escolares de Araya y Manicuare, podría inferir en que en estas localidades ocurrieron mutaciones de origen mediterráneo como las talasemias, manteniendo un importante componente europeo en dichas poblaciones.

Los escolares heterocigotos AS no presentaron alteraciones en los parámetros hematológicos, probablemente por las condiciones geográficas de las zonas estudiadas.

Los escolares y los representantes heterocigotos AS presentaron disminución de Hb, VCM y HCM probablemente debido a la presencia de los haplotipos Bantú y Benín los cuales le confieren complicaciones en condiciones adversas a los individuos con rasgo falciforme.

Se logró encontrar el haplotipo 2 del gen HBB*A con mayor frecuencia en las dos poblaciones de estudio, probablemente debido a el resultado de un haplotipo ancestral u otro de primer orden, originado por mutaciones o conversiones génicas en ambas poblaciones.

La presencia de dos haplotipos atípicos para el gen HBB*A y HBB*S, podría ser debido a los diversos eventos de recombinación entre haplotipos ancestrales.

La presencia del haplotipo CAR o Bantú del gen HBB*S con mayor frecuencia en Araya, es un indicativo de que esta población está estrechamente relacionadas con regiones de la Republica Central Africana. Sugiriendo dos historias diferentes para el tráfico de esclavos en la época de la colonia y con ellos la distribución y el origen de las hemoglobinopatías en el oriente de Venezuela (estado Sucre).

La población de Manicuare presento la misma proporción de frecuencia con regiones de Benín y Bantú, lo que significa que esta es una población con una gran variedad de ancestros africanos, tomando en cuenta la presencia del haplotipo Camerún, que hasta ahora ha sido la única población del estado Sucre que ha reportado este haplotipo.

Los estudios sobre haplotipos del gen HBB, representan un aporte al conocimiento de la estructura genética de la población venezolana.

La presencia de hemoglobinopatías en Araya y Manicuare podría deberse a las grandes migraciones durante el proceso de colonización.

RECOMENDACIONES

Se debería optimizar el canal de comunicación entre el laboratorio de diagnóstico, los centros hospitalarios y los familiares de los escolares que resultaron portadores de Hb S, para que cada vez sean más los grupos familiares estudiados.

Se recomienda al gobierno venezolano invertir mayor presupuesto en los proyectos de investigación relacionados con los estudios poblacionales para detectar hemoglobinopatías.

Se debería estudiar la posibilidad de incluir otros centros de salud, para que haya mejor acceso de los individuos a realizarse las pruebas que diagnostican las diferentes hemoglobinopatías. Debido a que la anemia de células falciformes es una enfermedad muy frecuente en la población en general.

Se debería enfocar en mejorar la atención de este grupo de investigaciones, procurando un abordaje temprano e integral, implementando los programas de búsquedas masivas en poblaciones escolares, para así prevenir la llegada de niños y niñas con anemia drepanocítica.

Árbol genético   **Familia**————————————————————

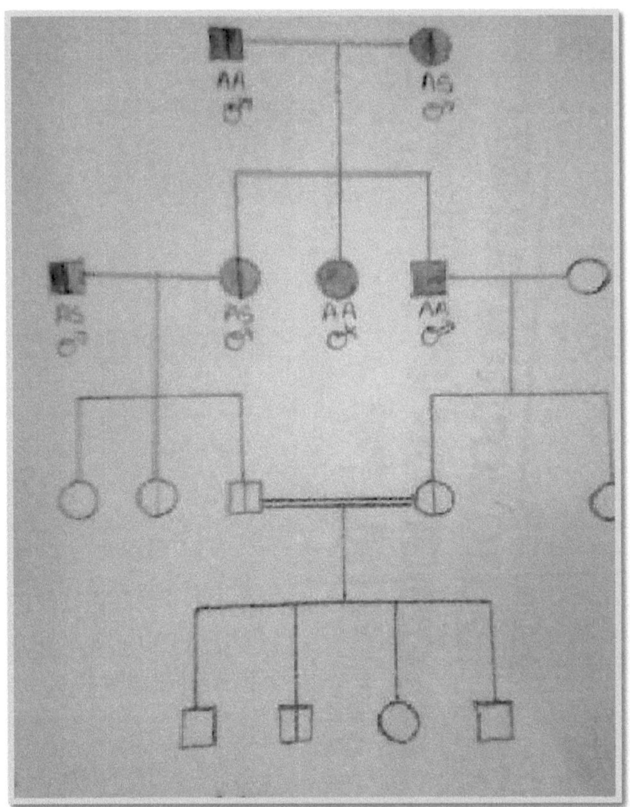

HERMANOS

1

2

3

1. Árbol genético realizado a familiares de los niños que resultaron portadores.

CONSENTIMIENTO INFORMADO

TITULO DEL PROYECTO: Estudio de haplotipos del gen HBB, en escolares del municipio Cruz Salmerón Acosta, estado Sucre en el periodo 2014-2015

COORDINADORA DEL PROYECTO: Profa. María José González y Dra. Martha Bravo Urquiola.

TELEFONO: 0293.40.25.29 – 0414.383.85.99

INTITUCIONES:

- Universidad de Oriente, Núcleo de Sucre, Departamento de Biología.
- Universidad Central de Venezuela.
- LIHA (Laboratorio de Investigación de Hemoglobinas Anormales).
- Instituto Anatómico "José Izquierdo".

OBJETIVOS DEL ESTUDIO:

- Determinar los parámetros hematológicos: Hemoglobina (Hb), Hematocritos (Hcto), Concentración de Hemoglobina Corpuscular Media (CHCM), Volumen Corpuscular Medio (VCM), Hemoglobina Corpuscular Media (HCM) en escolares y su grupo familiar provenientes de las poblaciones Araya y Manicuare, municipio Cruz Salmerón Acosta, estado Sucre.
- Identificar las variantes hemoglobínicas en escolares y su grupo familiar provenientes de la población de Araya y Manicuare, municipio Cruz Salmerón Acosta, estado Sucre por electroforesis en membranas de acetato de celulosa.
- Cuantificar los parámetros relativos de las Hb A_1, $A_{2,}$ F y de las variantes hemoglobínicas por cromatografía líquida de alta precisión de intercambio catiónico. (HPLC-CE).
- Identificar los haplotipos del gen HBB mediante la técnica molecular polimorfismo de longitud de los fragmentos de restricción (RFLP's).
- Asignar los haplotipos del gen HBB de acuerdo a los sitios de corte de las enzimas de restricción sobre el ADN amplificado por Reacción en Cadena de la Polimerasa (PCR).

La información y los materiales biológicos obtenidos en el presente estudio serán utilizados única y exclusivamente para cumplir los fines de esta investigación.

YO: --**C.I:**----------------------------.

Siendo mayor de edad y en pleno uso de mis facultades mentales y sin que nadie me obligue, declaro:

- Haber sido informado (a) de forma clara y sencilla de todos los aspectos relacionados con este estudio.
- Que el equipo que realiza el estudio me ha garantizado confidencialidad relacionada, tanto con mi identidad como con toda la información relativa a mi persona.
- Que bajo ningún concepto se me ha ofrecido, ni pretendo recibir ningún beneficio de tipo económico, producto de los hallazgos que puedan producirse en el estudio.
- Que el benéfico principal que obtendré será recibir el reporte del diagnóstico.

DECLARACION DEL VOLUNTARIO:

Después de haber sido informado (a) y aclarado mis dudas con respecto al estudio, acepto participar en el presente estudio.

Firma del voluntario: -----------------------------**Fecha:** ------------------------------

Firma del investigador: --------------------------**Fecha:** ------------------------------

Nombre del encuestador: --

2. Consentimiento informado para la toma de muestra sanguínea

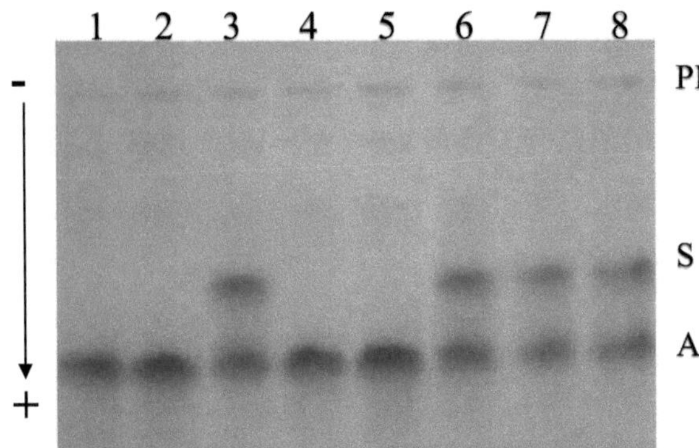

PI: Punto de inicio de la corrida

3. Electroforesis de hemoglobina en acetato de celulosa, a un pH 8.6, para mostrar el patrón de migración de las diferentes hemoglobinas. En el carril 8 es el control (AS); 1, 2 y 4 normales (AA); 3, 6 y 7 heterocigoto AS.

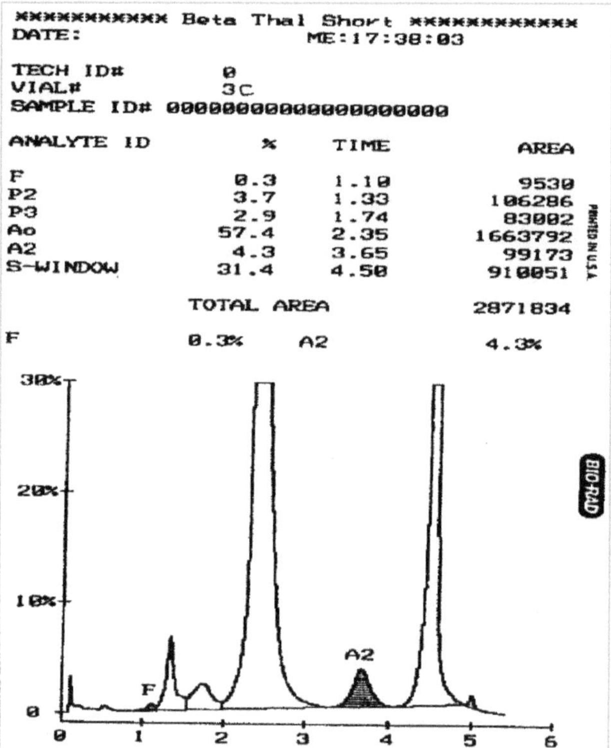

4. Cromatograma donde se ilustra la presencia de un heterocigoto con hemoglobina AS.

Indicadores "Primers"	Oligonucleótidos	Inicial		Desnaturalización		Alineamiento		Elongación		Extensión final	
				Desnaturalización		35 Ciclos					
		T (°C)	Tiempo	T (°C)	Tiempo	T (°C)	Tiempo	T (°C)	Tiempo	T (°C)	Tiempo
Sx	TAGTCCCACTGTGGACTACTT	94	1'	94	15"	55	15"	72	23"	72	90"
Sy	CCTGAGAGCTTGCTAGTGATT										
S2	AAGTGTGGAGTGTGCACATGA	94	1'	94	15"	60	15"	72	23"	72	90"
S3	TGCTGCTAATGCTTCATTACAA										
S3	TGCTGCTAATGCTTCATTACAA	94	1'	94	15"	60	15"	72	23"	72	90"
S4	TAAATGAGGAGCATGCACACAC										
S5	GAACAGAAGTTGAGATAGAGA	94	1'	94	15"	55	15"	72	23"	72	90"
S6	ACTCAGTGGTCTTGTGGGCT										
S7	TCTGCATTTGACTCTGTTAGC	94	1'	94	15"	55	15"	72	23"	72	90"
S8	GGACCCTAACTGATATAACTA										

5. Condiciones de PCR utilizadas para la amplificación de regiones polimórficas de grupo de genes HBB según el protocolo de Bavilaquia *et al.* (1995).

 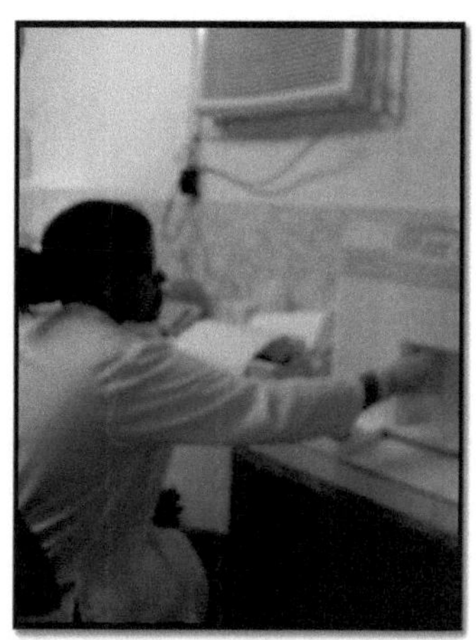

6. Jornada para la toma de muestras de sangre en los escolares de la E.B. ´´Cruz Salmerón Acosta´´, Araya municipio Cruz Salmerón Acosta, estado Sucre.

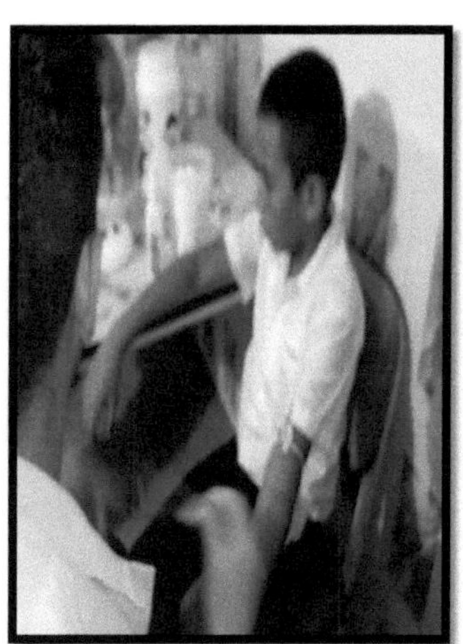 

7. Jornada para la toma de muestras de sangre en los escolares de la E.B. ´´Cruz Salmerón Acosta´´, Manicuare municipio Cruz Salmerón Acosta, estado Sucre.

 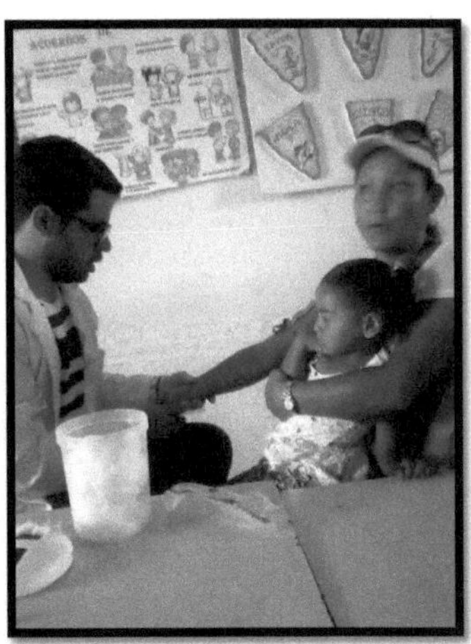

8. Toma de muestra a el grupo familiar de los escolares que resultaron portadores de Hb AS, Araya municipio Cruz Salmerón Acosta, estado Sucre.

9. Análisis de polimorfismo en el gen HBB en los escolares y el grupo familiar de Araya y Manicuare, municipio Cruz Salmerón Acosta, estado Sucre.

BIBLIOGRAFÍAS

Acosta, M. 1967. *Vida de los esclavos negros en Venezuela*. Hesperides. Caracas Venezuela.

Arends, T. 1961. El problema de las hemoglobinopatías en Venezuela. *Revista Venezolana de Sanidad y Asistencia Social, 26*: 61- 68.

Arends, T. 1971. Epidemiology of Hemoglobin Variants in Venezuela. En: *Genetical, Functional and Physical Studies of Hemoglobin*. Arends, T.; Bemsky, G.; Nagel, R. (Eds.). Karger. Brasilea, Suiza. Págs. 509-559.

Arends, T. 1984. Epidemiología de las variantes hemoglobínicas en Venezuela. *Gaceta Médica Caracas, 92*: 189-224.

Arends, T.; Salazar, R.; Anchustegui, M. y Garlin, G. 1990. Hemoglobin Variant in the Northeastern Region of Venezuela. *Interciencia, 15*: 36-41.

Arends, A.; Álvarez, M.; Velázquez, D.; Bravo, M.; Salazar, R.; Guevara, J. y Castillo O. 2000. Determination of beta-globin gene cluster haplotypes and prevalence of alfa-thalassemia in sickle cell anemia patients in Venezuela. *American Journal of Hematology, 64*: 87-90.

Arends, A.; Chacín, M.; Bravo, M.; Montilla, S.; Guevara, J.; Velázquez, D.; García, G.; Álvarez, M. y Castillo, O. 2007. Hemoglobinopatías en Venezuela. *Interciencia, 32*: 516-521.

Bavilaquia, L.; Matteri, V.; Ewald, G.; Salzano, F.; Coembra, C. y Santos, R. 1995. β-globin gene cluter haplotype distribution in the five Brazilian Indian tribes. *American Journal of Physical Anthropology, 98*: 395-401.

Bernal, M.; Collazos, A.; Bonilla, R. y Tascón, E. 2010. Determination of the prevalence of hemoglobin S, C, D, and G in neonates from Buenaventura, *Colombia Medical, 41*: 141-147.

Betancourt, J. 1995. Variantes hemoglobínicas y características hematológicas en pacientes de la población de Araya, Estado Sucre. Trabajo de grado. Departamento de Bioanalisis, Universidad de Oriente, Cumaná.

Brandan, N.; Aguirre, M. y Giménez, C. 2008. "Hemoglobina". "Cátedra de bioquímica". <http://www.med.unne.edu.ar/catedras/bioquimica/pdf/hemoglobina.pdf>. (11/11/2013).

Bravo-Urquiola, M.; Arends, A.; Montilla, S.; Velásquez, D.; García, G.; Álvarez, M.; Guevara, J. y Castillo, O. 2004. Ventajas de la Cromatografía Líquida de Alta Presión (HPLC-CE) en el estudio de hemoglobinopatías en Venezuela. *Investigación Clínica, 45*:

309-315.

Bravo-Urquiola, M.; Arends, A.; Montilla, S.; Gérard, N.; Velásquez, D.; García, G.; Álvarez, M.; Guevara, J.; Castillo, O. y Krishnamoorthy, R. 2007. Molecular Characterization and origin of β thalassemia in Venezuelan Patients. *American Journal of Hematology*, *32*: 241-248.

Calvo-Villas, J.; Zapata, M.; Cuesta, J.; De la Iglesia, S.; Ropero, P.; Carreter, E. y Sicilia, F. 2006. Prevalencia de hemoglobinopatías en mujeres gestantes en el área sanitaria de Lanzarote. *Anales de Medicina Interna, 25:* 206-212.

Colah, R.; Surve, R.; Sawant, P.; D´Souza, E.; Italia, K.; Phanasgaonkar, S.; Nadkarni, A. y Gorakshakar, A. 2007. HPLC studies in hemoglobinopathies. *Indian Journal of Pediatrics, 74*: 657-662.

Cunil-Grau, P. 1987. *Geografía del poblamiento venezolano en el siglo XIX*. Segunda edición. Comisión Presidencial V Centenario de Venezuela y Universidad Central de Venezuela. Caracas Venezuela.

Cook, J.; y Monsen, E. 1976. Food iron absortion in human subjects m. Comparation of effect of animal proetins on non-heme iron absortion. *American Journal clinical nuttrition. 29:* 859-867.

De Galiza, G. y Da Silva, M.2003. Aspectos moleculares de anemia falciforme. *Jornal Brasileiro de Patología e Medicina Laboratorial, 6:* 39-59.

De las Heras, S. y Pérez, L. 2008. Hemoglobinopatías diagnosticadas en el área sanitaria del Hospital Universitario Nuestra Señora de Candelaria de Santa Cruz de Tenerife durante un año. *Anales de Medicina Interna, 25*: 61-66.

Duran, C.; Morales, O.; Echeverrim S. y Isaza, M. 2012. Haplotipos del gen de la globina beta en portadores de hemoglobina S en Colombia. *Biomédica*, 32:103-11.

Evans, G.; Poulsen, R.; Canahuate, J y Pastor, J. 2003. Talasemia Asociada a Embarazo. *Revista Chilena Obstetricia Ginecologica, 68:*124-128.

Fairhurst, R.; Baruch, D.; Brittain, N.; Ostera, G. y Wallach, J. 2005. Abnormal display of PfEMP- 1 on erythrocytes carrying haemoglobin C may protect against malaria. *Nature, 435*: 1117- 1121.

García, O.; Chacín, M.; Bravo, M.; Gómez, G.; Montilla, S.; Merzón, R.; De Donato, M.; Castillo, O. y Arends, A. 2009. Diagnósticos de hemoglobinopatías a partir de sangre del talón de recién nacidos en diferentes centros hospitalarios de Venezuela. *Anales de Pediatría, 71*: 314-318.

García, F.; Rodríguez, L.; Gómez, A.; Martínez, O.; Martínez, S.; González, O.; Jaime, J.; Guerra, C. y Gómez, D. 2010. Anemias hemolíticas hereditarias desde la perspectiva de un laboratorio de referencia del Norte de México. *Revista de Hematología, 11:* 136-140.

Giardina, B.; Mosca, D. y De Rosa, M. 2004. The Bohr Effect of haemoglobin in vertebrates: an example of molecular adaptation to different physiological requirements. *Acta Physiologica Scandinavica, 182:* 229-244.

González, M., Salazar, R., Alvarez, M., y Arends, A. 1998. Haplotipos del gen βs-globina en pacientes provenientes de la población de Campoma, Estado Sucre. *Acta Científica Venezolana 49:* 252-258.

Hempe, J. y Craver, R. 1994. Quantification of hemoglobin variants by Capillary Isoelectric Focusing. *Clinical Chemistry, 40:* 2288-2295.

Hoffman, R.; Benz, E.; Shattil, S.; Furie, B. y Cohen, H. 2000. *Hematology: Basic Principles and Practice.* Tercera Edicion. Churchill Livingstone.

Kai, S. 2007. *Manual de instrucciones "Biophotometer plus eppendorf.* Hamburg. Germany.

Kazazian, H. 1990. The thalassemia syndromes: molecular basis and prenatal diagnosis in 1990. *Seminairs in Hematology, 27*: 209-228.

Kunkel, H. y Wallenius, G. 1955. New hemoglobin in normal adult. *Blood Science, 10:* 122-128.

Labie, D.; Richin, C.; Pagnier, J.; Gentilini, M. y Nagel, R. 1984. Hemoglobins S and C in Upper Volta. *Human Genetics, 65*: 300-302.

Lewis, S.; Bain, B. y Bates, I. 2008. *Hematología práctica.* Décima edición. El Sevier. Barcelona, España.

Long, J.; Chakravarti, A.; Bohem, C.; Antonarakis, S. y Kazazian, H. 1990. Phylogeny of human β- globin haplotypes and its implications for recent human evolutions. *American Journal of Physical Anthropology, 81*: 113-150.

Malcorra, J. 2001. Hemoglobinopatías y talasémicas. *Blood, 78*: 2165-2177.

Martínez, G.; Hernández, L.; Muñiz, C. y Hernández, A. 1997. Biología molecular de las hemoglobinopatías y hemopatías malignas. *Revista Cubana Hematology Inmunology Hemoterapia, 12*: 3-6.

Mata, E.; De Hollain, P. y Bauce, G. 1993. Evolución nutricional de un grupo de preescolares en el Estado Monagas. *Nutrición. 6:*11-18.

Medina, J. 2013. Estudio de variantes hemoglobínicas y haplotipos de gen β globina en escolares de las poblaciones de Guariquen, Municipio Benítez y Petare, Municipio Bolívar. Trabajo de grado. Departamento de Biología, Universidad de Oriente, Cumaná.

Mongini, C. y Waldner, C. 1996. *Metodología para la evaluación de las células mononucleares.* Médica Panamericana. Argentina.

Moreno, N.; J. A. Martinez.; Z. Blanco, L.; Osorio. y P. Hackshaw. 2002. Beta - globin gene cluster haplotypes in Venezuelan sickle cell patients from the State of Aragua. *Genetics and Molecular Biology 25:* 21 - 24.

Nagel, R. 1984. The origin of the hemoglobin S gene: Clinical, genetic and anthropological consequences. *Einstein Quart Journal of Medicine, 2:* 53-62.

Navarrete, M. 2005. *Génesis y desarrollo de la esclavitud en Colombia: siglo XVI y XVII.* Colombia, Universidad del Valle.

Organización Mundial de la Salud (OMS). 2005. *Prevalencia de la anemia falciforme.* Reunión EB117/34. Génova, Francia.

Oropeza, T.; Flores-Angulo, C.; Villegas, C.; Martínez, J.; Pulido, N.; Baeta, F. y Moreno, N. 2014. Detección de portadores del rasgo drepanocítico en una muestra de población de Maracay y su zona metropolitana. *Comunidad y Salud, 12*: 46-55.

Pathrapol, L.; Amporn, L.; Tirawat, W.; Saovaros, S.; Suthat, F. y Duncan, R. 2010. A mechanism of ineffective erythropoiesis in β-thalassemia/Hb E disease. *Haematologica, 95*: 716-723.

Pauling, L.; Itano, H.; Singer, S. y Wells, L. 1949. Sickle cell anemia, a molecular disease. *Science, 15*: 110-543.

Peñaloza, R.; Buentello, L.; Hernández, M.; Nieva, B.; Lisker, R. y Salamanca, F. 2008. Frecuencia de la hemoglobina S en cinco poblaciones mexicanas y su importancia en la salud pública. *Salud Pública de México, 50*: 325-329.

Peñuela, O. 2005. Hemoglobina: una molécula modelo para el investigador. *Colombia Medical, 36*: 215-225.

Pérez, S. 2015. Hemoglobinopatías. *American Journal of Hematology, 353:* 498-507.

Perutz, M. 1972. Hemoglobina: el pulmón molecular. *Ciencia nueva, 14*: 14-18.

Rodríguez, W.; Sáenz, G. y Chaves, M. 1998. Haplotipos de la hemoglobina S: importancia epidemiológica, antropológica y clínica. *Revista Panameña de Salud Pública, 3:* 1-8.

Romero, C.; Gómez, A.; Durante, Y.; Amazo, C.; Manosalva, C.; Chila, L.; Casa, M. y Briceño, I. 2015. Variantes de hemoglobinas en una población con impresión diagnostica positiva para hemoglobinopatías en Colombia. *Revista Médica Chilena, 143:* 1260-68.

Ruíz, G. 2003. *Hemoglobinopatías y talasemia. En: Fundamentos de hematología.* Ruíz-Arguelles, G. Tercera edición. Médica Panamericana. Argentina.

Sáenz, G. 1988. Hemoglobinopatías en los países de La cuenca Del Caribe. *Revista de Biología Tropical, 36*: 361- 372.

Sáenz, G. 2005. Hemoglobinas anormales. *Acta Médica Costarricense, 47*: 173-179.

Salazar, R. 1995. Polimorfismo de la hemoglobina en la población venezolana. *Saber, 7*: 15-19.

Salazar, R.; Betancourt, J.; Brines, M. y Arends, A. 1996. Características hematológicas y variantes hemoglobínicas en las poblaciones de Araya y Manicuare Estado Sucre, Venezuela. S*aber, 8*: 50-55.

Salazar, R.; Bejarano, Y.; González, M. y Arends, A. 2002. Estratificación socioeconómica, parámetros hematológicos y variantes hemoglobínicas en escolares de tres poblaciones del Estado Sucre, Venezuela. *Saber, 14*: 55-59.

Salazar, R. 2004. La Hemoglobina S en la población venezolana. *Investigación Clínica, 45*: 11-21.

Schneider, R. 1974. Differentiation of Electrophoreticall y Similar Hemoglobins-Such as 5, D, G, and P; or A2, C, E, and 0-by Electrophoresis of the Globin Chains. Clinical Chemistry, 20: 1111-1115.

Sebastiani, P.; Ramoni, M.; Notan, V.; Baldwin, H.; Steinberg, N. 2005. Genetic dissection and prognostic modeling of overt stroke in sickle cell anemia. *Natural Genetics, 37:*435-440.

Shimizu, K.; Hashimoto, T.; Harihara, S.; Tajima, K.; Sonoda, S. y Zaninovic, V. 2001. Beta-globin gene haplotype characteristicsof Colombian Amerindians in South America. *Human Heredity, 51*:54-63.

Sokal, R. y Rohlf, J. 1969. *Biometry.* D. W. Freeman and Co. San Francisco.

Sutton, M.; Bouhassira, E. y Nagel, R.1989. Polymerase chain reaction amplification applied to the determination of b-like globin gene cluster haplotypes. *American Journal of Hematology, 32*: 66-98.

Talmaci, R.; Traeger-Synodinos, J.; Kanavakis, E.; Coriu, D.; Colita, D. y Gavrila, L. 2004. Scanning of β-globin gene for identification of β-thalassemia mutation in Romanian population. *Journal of Cellular and Molecular Medicine, 8:* 232-240.

Tan, G.; Dunstan, S. y Lee, S. 1993. Evaluation of high perfomance liquid chromatography for Soutine estimation of haemoglobins A_2 and F. *Journal of Clinical Pathology, 46*: 852- 856.

Turgeon, M. 2006. *Hematología clínica. Teoría y procedimientos.* Segunda ediciòn. Manual moderno. Bogotá.

Vargas, C. 2011. Beta talasemia. *Revista médica de Costa Rica y Centroamérica, 68*: 355-357.

Vera, L. 2010. La hemoglobina: una molécula prodigiosa. *Revista Real Academia de Ciencias Exactas, Físicas y Naturales, 104*: 213-232

Villalba, T. 2015. Desde la sospecha clínica hasta el hallazgo casual: evolución de los estudios de hemoglobinopatías. *Revista Médica Chilena, 206*: 1325-31.

Villalobos, A.; Bustos, R.; Casas, M.; Gutierrez, E.; Perea, F.; Thein, S.1997. β-thalassemia and β-globin gene haplotypes in Mexican mestizos. *Human Genetics, 99:* 498-500.

Vívenes, M.; Rodríguez-Larralde, A. y Castro- Guerra, D. 2003. Beta-globin gene cluster haplotypes as evidence of African gene flow to the northeastern coast of Venezuela. *American Journal of Human Biology, 15*: 1-9.

Vives, J. 2001. Anemias por defectos Congénitos de la hemoglobina: hemoglobinopatías estructurales y talasemias. *Medicine, 8*: 2684-2693.

Welsh, K. y Bunce, M. 1999. Molecular typing for the MHC with PCR-SSP. *Revista Immunogen, 1*: 157-176.

Westermeier, R. 1997. *Electroforesis in Practice: a Guide to Methods and Applications of DNA and Protein Separation, VCH.* Segunda ediciòn. Weinheim. Germany.

Zafeiriou, D. 2006. "Neurological complication in beta-thalassemia", Brain and Development. *Elsevier Science Incorporated, 20*: 477-481.

Título	ESTUDIO DE HAPLOTIPOS DEL GEN HBB, EN ESCOLARES DEL MUNICIPIO CRUZ SALMERÓN ACOSTA, ESTADO SUCRE EN EL PERIODO 2014-2015
Subtítulo	

Autor(es)

Apellidos y Nombres	Código CVLAC / e-mail	
EMIRJES DE LOURDES MAZA DE FIGUEROA	CVLAC	18.211.194
	e-mail	Vivicar232010@hotmail.com
	e-mail	
	CVLAC	
	e-mail	
	e-mail	
	CVLAC	
	e-mail	
	e-mail	

Palabras o frases claves:

Hoja de Metadatos para Tesis y Trabajos de Ascenso – 2/6

Líneas y sublíneas de investigación:

Área	Subárea
Ciencias	Biología

Resumen (abstract):

En las poblaciones de Araya y Manicuare, municipio Cruz Salmerón Acosta del estado Sucre, se llevó a cabo un estudio de frecuencia de hemoglobinopatías y haplotipos del gen HBB. Entre las dos poblaciones se analizaron un total de 289 muestras de sangre periférica de niños y niñas escolares, se recolectaron aleatoriamente 132 muestras de sangre periférica en la población de Araya y 157 muestras en Manicuare. Los parámetros hematológicos (Hb, Hcto, CHCM, VCM, HCM) fueron analizados por un analizador hematológico automático. Luego las muestras de sangre periférica fueron analizadas por electroforesis en membranas de acetato de celulosa a pH 8,6 para identificar las variantes hemoglobínicas presentes en los escolares, encontrando un 6,2% (n=18) de variantes hemoglobínicas en individuos no emparentados y 93,8% (n=289) de individuos homocigotos para la Hb A. A las muestras que se le detectó las variantes fueron analizadas por HPL-CE para su confirmación, reportando la variante Hb S con una frecuencia de 3,8% (n=5) y la presencia de Hb A2↑ con 1,5% (n=2) en la población de Araya, de la misma forma se encontró en Manicuare una frecuencia de Hb S (3,2%) (n=5) y la Hb A2↑ con 3,8 % (n=6) en forma heterocigota. Una vez confirmada la presencia de mutaciones en el gen HBB en las dos poblaciones, se amplificaron las regiones del grupo de genes de la HBB: 5'ε, ^{G}γ, ^{A}γ, ψβ y 3'ψβ y se digirieron cada una con las enzimas de restricción específica HincII y HindIII. Mediante este análisis, se pudo identificar las características de 7 haplotipos del gen HBB*A en escolares de la población de Araya, siendo más frecuente: el haplotipo 2 con 38,4%, seguido del 1 y el 10 (15,4%) y un haplotipo atípico A (++-+-) con un 7,7%. Posterior a esto, en la población de Manicuare se identificaron 5 haplotipos del gen HBB*A, resultando más frecuente los haplotipos 2 (53,8%), seguido del 1, 11 y un haplotipo atípico A (++-+-) con un 15,4%. En el caso de los haplotipos del gen HBB*S identificados en la población escolar de Araya, se halló el haplotipo CAR con 75% y un haplotipo atípico S con 25% y en la población de Manicuare se identificaron los haplotipos CAR y el Ben (40%), seguido del haplotipo Cam (20%). Estos resultados difieren con los reportados en el municipio Rivero, Bolívar y Benítez y concuerdan con los resultados reportados en el municipio Sucre. De manera que, las poblaciones Araya y Manicuare, municipio Cruz Salmerón Acosta, estado Sucre mostraron una distribución particular de haplotipos encontrando una gran frecuencia para el haplotipo Bantú, lo que significa que los individuos africanos del Centro de África se dispersaron a lo largo del oriente de Venezuela y, por ello, el haplotipo CAR es el más frecuente en Araya y, en Manicuare se encontró el Benín y el CAR con la misma proporción. Sugiriendo dos historias diferentes para el tráfico de esclavos africanos y con ellos la distribución y el origen de las hemoglobinopatías en el oriente de Venezuela (estado Sucre).

Palabras claves: haplotipos, HBB, células hoz, rasgo drepanocítico.

Hoja de Metadatos para Tesis y Trabajos de Ascenso – 3/6
Contribuidores:

Apellidos y Nombres	ROL / Código CVLAC / e-mail		
María José González	ROL	CA ☐ AS ☒ TU ☐ JU ☐	
	CVLAC		
	e-mail	mariluna1azul	
	e-mail		
Martha Bravo Urquiola	ROL	CA ☒ AS ☐ TU ☐ JU ☒	
	CVLAC		
	e-mail		
	e-mail		
Merlyn Vivenes de Lugo José Gregorio Betancourt	ROL	CA ☐ AS ☐ TU ☐ JU ☒	
	CVLAC		
	e-mail		
	e-mail		

Fecha de discusión y aprobación:

Año	Mes	Día
2016	07	22

Lenguaje: **SPA**

Hoja de Metadatos para Tesis y Trabajos de Ascenso – 4/6

Archivo(s):

Nombre de archivo	Tipo MIME
Tesis- Emirjes De Lourdes Maza De Figueroa.doc	Aplicación/Word

Alcance:

Espacial :   Nacional   (Opcional)

Temporal: Temporal   (Opcional)

Título o Grado asociado con el trabajo:

Licenciatura en Biología

Nivel Asociado con el Trabajo:

Licenciatura

Área de Estudio:

Biología

Institución(es) que garantiza(n) el Título o grado:

Universidad de Oriente Núcleo de Sucre

UNIVERSIDAD DE ORIENTE
CONSEJO UNIVERSITARIO
RECTORADO

CU N° 0975

Cumaná, 0 4 AGO 2009

Ciudadano
Prof. JESÚS MARTÍNEZ YÉPEZ
Vicerrector Académico
Universidad de Oriente
Su Despacho

Estimado Profesor Martínez:

Cumplo en notificarle que el Consejo Universitario, en Reunión Ordinaria celebrada en Centro de Convenciones de Cantaura, los días 28 y 29 de julio de 2009, conoció el punto de agenda **"SOLICITUD DE AUTORIZACIÓN PARA PUBLICAR TODA LA PRODUCCIÓN INTELECTUAL DE LA UNIVERSIDAD DE ORIENTE EN EL REPOSITORIO INSTITUCIONAL DE LA UDO, SEGÚN VRAC N° 696/2009"**.

Leído el oficio SIBI – 139/2009 de fecha 09-07-2009, suscrita por el Dr. Abul K. Bashirullah, Director de Bibliotecas, este Cuerpo Colegiado decidió, por unanimidad, autorizar la publicación de toda la producción intelectual de la Universidad de Oriente en el Repositorio en cuestión.

Comunicación que hago a usted a los fines consiguientes.

Cordialmente,

JUAN A. BOLAÑOS CURVELO
Secretario

C.C: Rectora, Vicerrectora Administrativa, Decanos de los Núcleos, Coordinador General de Administración, Director de Personal, Dirección de Finanzas, Dirección de Presupuesto, Contraloría Interna, Consultoría Jurídica, Director de Bibliotecas, Dirección de Publicaciones, Dirección de Computación, Coordinación de Teleinformática, Coordinación General de Postgrado.

JABC/YGC/maruja

Artículo 41 del REGLAMENTO DE TRABAJO DE PREGRADO (vigente a partir del II Semestre 2009, según comunicación CU-034-2009): "Los trabajos de grados son de la exclusiva propiedad de la Universidad de Oriente, y solo podrá ser utilizados para otros fines con el consentimiento del Concejo de Núcleo respectivo, quien deberá participarlo previamente al Concejo Universitario, para su autorización".

Emirjes De Lourdes Maza De Figueroa
AUTOR

María José González
TUTOR

Printed by Books on Demand GmbH, Norderstedt / Germany